Web接口开发与自动化测试

基于Python语言

虫师◎编著

電子工業出版社
Publishing House of Electronics Industry
北京•BEIJING

内 容 简 介

本书以接口测试为主线，以 Web 开发为切入点，全面介绍了 Web 接口开发与自动化测试过程中使用的相关技术。全书分为 15 章，第 1 章介绍了 Python 的基础知识，解答初学 Python 的同学都会遇到的一些问题；第 2 章到第 5 章以开发发布会签到系统为需求，介绍了 Django Web 开发技术；第 6 章介绍了 unittest 单元测试框架，以及在 Django 中如何编写单元测试；第 7 章到第 10 章主要围绕接口的相关概念，Web 接口开发，接口测试工具和接口自动化测试框架的开发；第 11 介绍了安全接口的开发与测试；第 12、13 章介绍了 Web Services 技术；第 14、15 章介绍了 Django Web 项目的部署和接口性能测试。

图书在版编目（CIP）数据

Web 接口开发与自动化测试：基于 Python 语言 / 虫师编著. 一北京：电子工业出版社，2017.4
ISBN 978-7-121-31099-7

Ⅰ. ①W… Ⅱ. ①虫… Ⅲ. ①网页制作工具－程序设计②软件工具－程序设计 Ⅳ. ①TP393.092.2 ②TP311.561

中国版本图书馆 CIP 数据核字(2017)第 050485 号

责任编辑：安　娜
印　　刷：涿州市般润文化传播有限公司
装　　订：涿州市般润文化传播有限公司
出版发行：电子工业出版社
　　　　　北京市海淀区万寿路 173 信箱　邮编：100036
开　　本：787×980　1/16　印张：18　字数：366 千字
版　　次：2017 年 4 月第 1 版
印　　次：2024 年 2 月第 16 次印刷
定　　价：59.00 元

凡所购买电子工业出版社图书有缺损问题，请向购买书店调换。若书店售缺，请与本社发行部联系，联系及邮购电话：（010）88254888，88258888。

质量投诉请发邮件至 zlts@phei.com.cn，盗版侵权举报请发邮件至 dbqq@phei.com.cn。

本书咨询联系方式：010-51260888-819，faq@phei.com.cn。

前　言

本书的原型是我整理的一份 Django 学习文档。在从事软件测试工作的这六七年里，我一直有整理学习资料的习惯，这种学习理解再输出的方式对我非常受用，博客和文档是我主要的输出形式，这些输出同时也帮助到许多软件测试人员。

说回到接口测试的话题上来，根据分层自动化测试的思想，上层为 UI 层。关于 UI 层的自动化测试我们已经很熟悉了，许多技术和工具都是围绕这一层来设计的，我们要想做自动化，首先想到和尝试去做的也是这一层的自动化实现。底层为单元测试，对于单元级别的自动化测试来说，虽然大多数测试人员并没有真正做过，但我们知道，它一般使用单元测试框架，通过一段代码去测试另一段代码；而接口测试刚好处于中间层，不太好理解，也不太好解释，因为在开发的项目中只有程序目录/文件、类、方法、函数这些，并没有一个叫作“接口”的东西。但是，它却又无处不在，是一个出现频率极高的词，时刻挂在开发人员的嘴边。

什么是接口？如何对接口进行测试呢？我曾经也有很长一段时间并不太理解什么是接口测试。为什么没有一本讲接口测试的书呢？性能测试和 UI 自动化测试的书籍每年都会出版好几本，与之相比，几乎找不到一本专门介绍接口测试的书。现在想来可能是因为它太简单了吧！简单到没什么可讲的，甚至接口测试比功能测试还要简单得多。但是，真的做好接口测试又很难，或者说难点并不在于接口测试本身，而是需要有读懂接口代码处理逻辑的能力，这就要求你必须具备一定的开发基础，因而对许多测试人员来说，已经形成了门槛。

要写一本关于接口测试的书，一种讨巧的做法就是把目前主流的接口测试工具都介绍一遍，这很符合主题。然而，我并不认为把这些工具都学好就可以做好接口测试。举一个简单的例子，我的接口使用了加密，例如，用时间戳+密钥生成 AES 加密字符串，再将字符串生成 base64 字符串作为接口参数传输，这其实是一种常见的加密策略，而我所了解的大多数接口测试工具都无法做到对这种加密接口的测试。原因很简单，加密算法和加密策略多种多样，而工具却很难模拟这种多样性的加密策略。但是，站在开发的角度上看，接口测试就很简单了，开发怎么调用，测试就怎么调用呗！只不过测试的目的是验证在传各种参数的情况下，接口是否可以正确地处理并返回结果。

所以，我选择另一种需要很高学习成本的方法来讲解接口测试，从 Web 接口开发讲起，理解了接口是如何开发的，再做接口测试自然就变得非常简单了。你会看到本书前几章都是在讲 Web 开发以及 Web 接口开发，你可能会怀疑自己是不是买错书了，明明是要学习接口测试的，怎么介绍的都是开发的技术。其实，如果你只是想学习 Web 开发的话，那么本书也是一本不错的入门教程。

本书共分为 15 个章节，涵盖了不少话题，这也是我在写作时对自己的要求，不要讲解太基础的东西，不要讲太多无聊的概念，要有很强的可操作性。第 1 章是 Python 基础，第 2~5 章是 Web 开发，第 6 章是单元测试，第 7~10 章主要讲接口的概念、开发与测试，第 11 章介绍安全接口的开发与测试，第 12~13 章讲 Web Service 技术，第 14~15 章介绍项目的部署与性能测试。所以，这并不是一本单纯面向测试人员的书，同样适合开发的小伙伴阅读。

到了感谢部分，首先，感谢身边的同事，一年多的接口自动化测试实践过程中，我收获了很多，感谢测试经理唐亮对我们在尝试新技术时的支持，感谢开发组的蓝仕坤、陈晓发在技术上给了我很大的帮助。其次，感谢接口自动化测试群里的小伙伴，他们给本书提了很多建议，包括本书的名字，也是在群里投票的结果。再次，感谢我的妻子，她默默地容忍着我每天晚睡的坏习惯，感谢她一直以来的包容与理解。最后，感谢编辑安娜，没有她这本书也不会出版，我们合作一直很愉快。

由于作者水平有限，希望你带着怀疑的精神阅读本书，如果发现错误，欢迎批评指正。

2017 年 1 月 13 号凌晨

虫师

目　录

第1章 Python学习必知

本书将以Python编程语言为基础来介绍开发与测试技术，所以，在阅读本书之前要求读者具备一定的Python语言编程能力。以我个人学习Python的经历，以及帮助别人解答Python问题的经验来看，对于初学Python的人来说，遇到的大多数问题并不是Python的语法，如果读者稍有编程语言基础，那么很容易就能学会Python的语法，而且对于这方面的学习，可以轻松地找到大量的文章、书籍和视频教程等。然而，他们问的更多的问题是Python版本的选择、环境的设置、第三方扩展库的安装、IDE的选择，以及遇到程序报错之后怎么解决等。那么，本章将试着帮你清除这些障碍，使你后续的Python学习过程变得更加顺利。

1.1 Python 2.x 与 Python 3.x 选择

对于想要学习Python的同学来说、首先要面对的就是版本选择的问题。到底是选择学习Python 2.x还是Python 3.x？这主要由Python语言发展的历史遗留问题所导致。

Python语言早在1989由Guido van Rossum开发，第一个公开发行版发行于1991年。因为早期的Python版本在基础方面设计存在着一些不足之处。因此在2008年的时候，Guido van Rossum又重新发布了Python 3.0，Python 3在设计的时候很好地解决了这些遗留问题，然而Python 3带来的最大的问题就是不完全向后兼容，当时向后兼容的版本是Python 2.6。然而经过多年的发展，Python（2.0版本）已经成为了一门应用非常广泛的编程语言，大量的项目在Python语言上运行，围绕着Python语言有着极其丰富的类库，无法一下子就让所有项目和类库都转到Python 3.0上面。于是，两个版本就进入了长期并行开发和维护的阶段。

正是由于官方对Python 2.x的纵容态度，致使到目前为止，Python 2的使用者依然过半。

从近两年来看，官方的态度有所改变，Python 2.x 的开发逐渐进入消极状态，版本更新速度明显要比 Python 3.x 要慢得多，而且不再加入新的特性，以维护为主。Python 语言作者 Guido van Rossum 宣布 Python 2.7 支持时间延长到 2020 年。Python 2.7 是 2.x 系列的最后一个版本。这将有利于 Python 3 的发展。

对于新手来说，建议直接学习 Python 3.x，因为 Python 3.x 代表了 Python 发展的未来。目前主流的库基本都已支持 Python 3.x，不支持的库也在积极地向 Python 3.x 迁移。在本书中除非特别声明，否则默认情况下所有代码都将在 Python 3.x 下运行。

> **注**：Python 3.x 和 Python 2.x，x 表示小版本号。当前 Python 最新的两个稳定版本分别为 Python 3.5.2 和 Python 2.7.12。如果没有特别说明，本书将以 Python 3 来指代 Python 3.x，用 Python 2 指代 Python 2.x。

1.2 Python 的安装

Python 的安装相当简单，但仍有一些细节需要注意。

1.2.1 在 Windows 下安装 Python

Python 下载地址：https://www.python.org/downloads/。

当前最新版本为 Python 3.5.2。读者可根据自己的系统平台选择相应的版本进行下载。对于 Windows 用户来说，如果是 32 位系统则选择 x86 版本；如果是 64 位系统，则选择 x86-64 版本。建议选择“executable installer”版本下载，下载完成后会得到一个以.exe 为后缀的文件，双击进行安装，如图 1.1 所示。

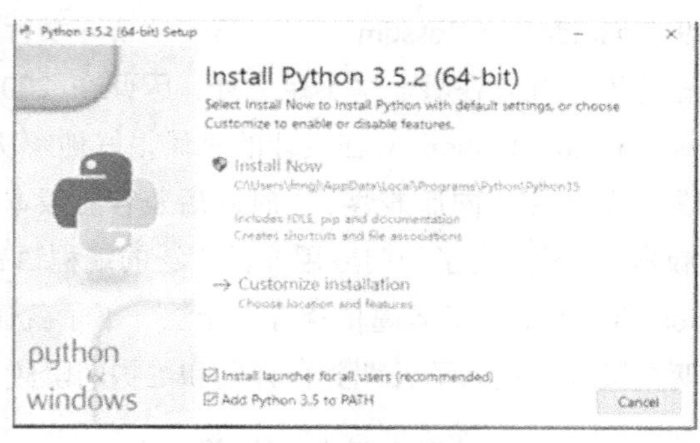

图 1.1 Python 安装界面

安装过程中记得勾选“Add Python 3.5 to PATH”选项。安装完成后将会在开始菜单中生成 Python 3.5 的目录，如图 1.2 所示。

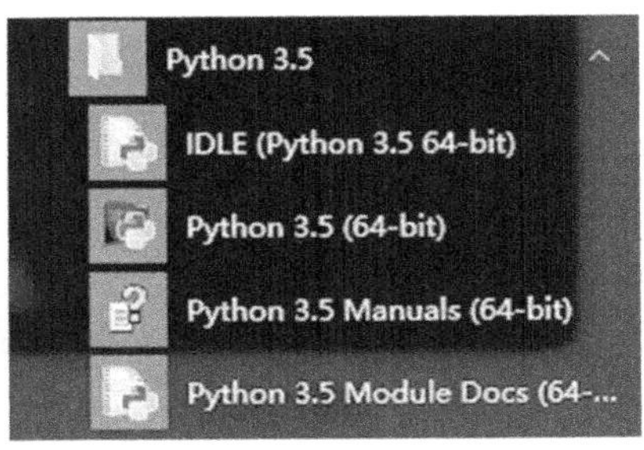

图 1.2　Python 3.5 的目录

在 Windows 系统中，安装好的 Python 提供了四个选项：

◎　IDLE（Python 3.5 64-bit）：Python 自带的 IDE，推荐新手使用它来编写 Python 程序。

◎　Python 3.5（64-bit）：在 Windows 命令提示符下进入 Python Shell 模式。

◎　Python 3.5 Manuals（64-bit）：Python 自带的官方文档。

◎　Python 3.5 Module Docs（64-bit）：Python 的模块文档。它自动启动一个服务，以 Web 形式显示 Python 模块的文档。

1.2.2　安装 Python 2 和 Python 3 两个版本

虽然 Python 3 正在逐渐取代 Python 2，但是从目前来看，Python 2 的使用者仍然过半，除 Python 2 的坚定拥护者外，最主要的原因是仍有少部分的第三方库还不支持 Python 3，但这种情况在不断改善中。所以，有时为了使用某个库而不得不在两个版本之间进行切换。这时就需要在系统中同时安装两个 Python 版本了。

当然，Python 早就考虑到了可能会有这样的需求，所以，它允许你在一个操作系统中同时安装两个版本。并且，主流 Linux（例如 Ubuntu）系统已经默认为你安装了两个版本的 Python。如果是 Windows 系统，那么你需要手动来安装两个版本的 Python。不过，在使用两个版本的时候，需要做好区分。

例如，我本机先安装的 Python 2.7，如图 1.3 所示。

本地磁盘 (C:) › Python27 ›

名称	修改日期	类型	大小
DLLs	2015/11/12 21:54	文件夹	
Doc	2015/11/12 21:54	文件夹	
include	2016/11/14 22:18	文件夹	
Lib	2016/5/8 15:50	文件夹	
libs	2015/11/12 21:54	文件夹	
man	2016/1/16 15:27	文件夹	
Scripts	2016/11/14 22:19	文件夹	
selenium	2016/6/5 14:59	文件夹	
tcl	2015/11/12 21:54	文件夹	
Tools	2015/11/12 21:54	文件夹	
LICENSE.txt	2015/5/23 10:24	文本文档	38 KB
NEWS.txt	2015/5/23 10:28	文本文档	410 KB
python.exe	2015/5/23 9:40	应用程序	26 KB
pythonw.exe	2015/5/23 9:40	应用程序	27 KB
README.txt	2015/5/10 18:01	文本文档	53 KB

图 1.3　Python 2.7 目录

在 Python 2.7 的根目录下，Python 的可执行文件名为“python.exe”。当要运行 Python 2.7 版本时，只需在 Windows 命令提示符下输入“python”命令即可，如图 1.4 所示。

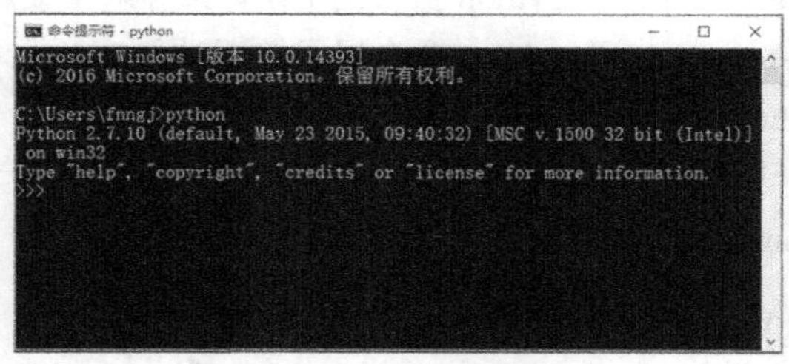

图 1.4　进入 Python 2.7 Shell 模式

然后，又安装了 Python 3.5。再来看看 Python 3.5 的目录，如图 1.5 所示。

图 1.5　Python 3.5 目录

除了生成一个“python.exe”文件外，还多了一个“python3.exe”文件。此时，如果想运行 Python 3.5，就可以使用“python3”命令，如图 1.6 所示。

```
命令提示符 - python3
Microsoft Windows [版本 10.0.14393]
(c) 2016 Microsoft Corporation。保留所有权利。

C:\Users\fnngj>python3
Python 3.5.2 (v3.5.2:4def2a2901a5, Jun 25 2016, 22:18:55) [MSC v.1900 64 bit
(AMD64)] on win32
Type "help", "copyright", "credits" or "license" for more information.
>>>
```

图 1.6　进入 Python 3.5 Shell 模式

需要说明的是，Python 可执行文件“python.exe”的名称是可以随意修改的。只要能有效区分两个 Python 版本即可。

> **注：**如果没有特别说明，本书接下来的所有地方都将用“python 3”来指代 Python 3.5 的“python”命令。

1.2.3 “python”不是内部或外部命令

这个问题也是新手可能会遇到的，虽然在安装 Python 的时候，已经提醒你勾选“Add Python 3.5 to PATH”选项，但也许你并未留心这个提示，如图 1.7 所示。

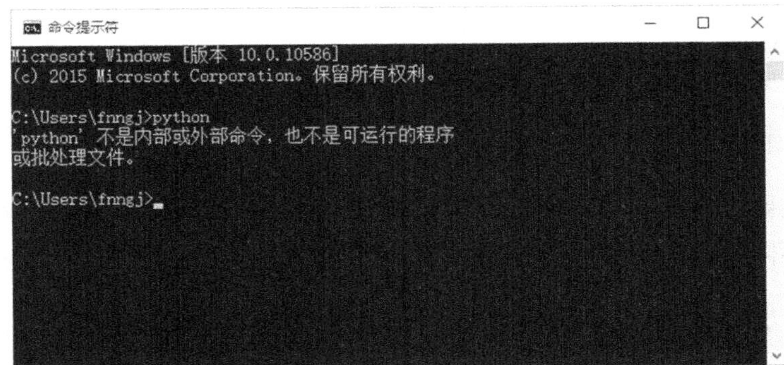

图 1.7　“python”不是内部或外部命令

此时先要确定 Python 安装到哪个目录。如图 1.3 和 1.5 所示，分别为我的 Python 2.7 和 Python 3.5 的安装目录，并且将它分别添加到系统环境变量 Path 下面，如图 1.8 所示。

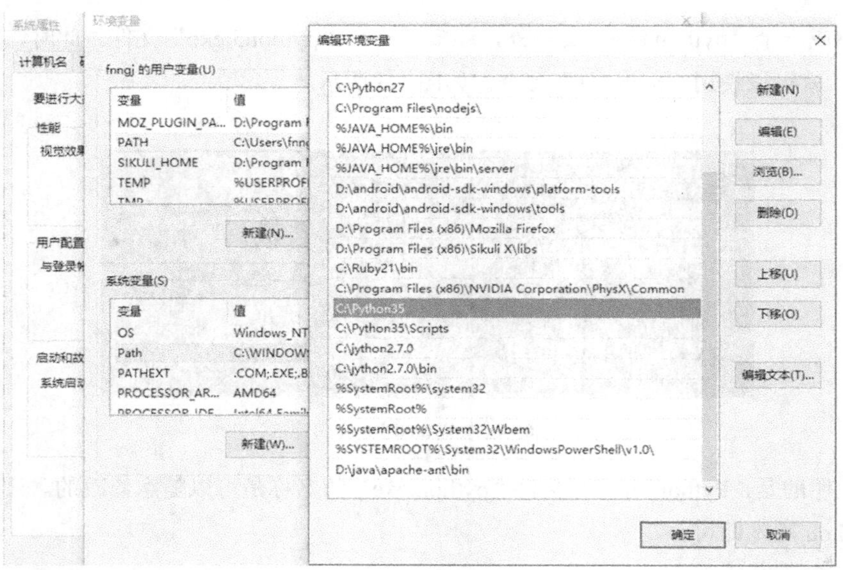

图 1.8　Windows 环境变量 Path

1.3　扩展库的安装

如果只学习 Python 基本语法，那么安装好 Python 就可以开始找一本 Python 基础教程，照着书中的例子逐个地进行练习。但大多数情况下，我们学习 Python 是带有一定目的的。例如，我要开发 Web 网站，我要做 Web UI 自动化测试，这就少不了要去安装第三方扩展库了。

所以，接下来你可以在 PyPI（Python Package Index）中查找想要的库了。

PyPI 地址：https://pypi.python.org/pypi

如果你知道要找的库的名字，那么只需在右上角搜索栏查找即可。不同的库提供的安装方式可能会有所不同，这里介绍几种常用的安装方式。

1.3.1　pip 安装扩展库

pip 是一个安装和管理 Python 包的工具，通过 pip 来管理 Python 包非常简单，省去搜索→查找版本→下载→安装等烦琐步骤。

当安装完 Python 之后，在 Windows 命令提示符下输入“pip”命令。

cmd.exe

```
> pip
Usage:
  pip <command> [options]

Commands:
  install                     Install packages.
  uninstall                   Uninstall packages.
  freeze                      Output installed packages in requirements format.
  list                        List installed packages.
  show                        Show information about installed packages.
  search                      Search PyPI for packages.
  wheel                       Build wheels from your requirements.
  zip                         DEPRECATED. Zip individual packages.
  unzip                       DEPRECATED. Unzip individual packages.
  bundle                      DEPRECATED. Create pybundles.
  help                        Show help for commands.

General Options:
  -h, --help                  Show help.
  -v, --verbose               Give more output. Option is additive, and can be
used up to 3 times.
  -V, --version               Show version and exit.
  -q, --quiet                 Give less output.
  --log-file <path>           Path to a verbose non-appending log, that only
……
```

如果出现 pip 命令的说明信息，则说明 pip 可以正常使用。如果提示“pip 不是内部或外部命令”，则请参考第 1.2.3 节，找到 pip 可执行文件的所在目录（例如，...\Python35\ Scripts\），将它添加到系统环境变量 Path 下面。

还有一个问题，如何分辨是 Python 2 还是 Python 3 的 pip？

这个问题也很简单，首先“pip”命令与前面提到的“python”命令一样。同样是一个可执行文件，其文件名称也可以随意修改，可以将它们分别重命名为“pip2.exe”和“pip3.exe”分别表示两个 Python 版本下的“pip”命令。读者可以在 Python 的安装目录下查看 pip 的可执行文件名。例如：

C:\Python27\Scripts\

C:\Python35\Scripts\

❶ 使用 pip 安装扩展库。

cmd.exe

```
> pip install django
```

Django 是 Python 下面开发 Web 项目非常强大的一个库，也是本书接下来要学习的重点。

❷ 使用 pip 安装指定版本的库。

cmd.exe

```
> pip install django==1.10.3
```

如果不指定安装库的版本，那么 pip 默认会安装库的最新版本，也可以指定某个版本安装，前提是你需要知道具体的版本号。

❸ 使用 pip 查看当前安装的库。

cmd.exe

```
> pip show django
Name: Django
Version: 1.10.3
Summary: A high-level Python Web framework that encourages rapid developme
nt and clean, pragmatic design.
Home-page: http://www.djangoproject.com/
Author: Django Software Foundation
Author-email: foundation@djangoproject.com
License: BSD
Location: c:\python35\lib\site-packages
Requires:
```

不同的库显示的信息会有所不同，一般通过 show 命令查看，会显示当前的版本号以及安装路径。

❹ 使用 pip 卸载库。

cmd.exe

```
> pip uninstall django
```

使用 uninstall 命令即可将安装的库轻松卸载。

1.3.2 tar.gz 文件安装

并不是所有的扩展库都支持用 pip 命令安装。个别库只提供了压缩包文件下载，或者有些人的安装环境并不能上网。

如图 1.9 所示，单击 Django-1.10.3.tar.gz 文件进行下载，并对文件进行解压，进入解压目录，通过“python”命令安装。

File	Type	Py Version	Uploaded on	Size
Django-1.10.3-py2.py3-none-any.whl (md5, pgp)	Python Wheel	py2.py3	2016-11-01	6MB
Django-1.10.3.tar.gz (md5, pgp)	Source		2016-11-01	7MB

图 1.9 Django 安装包

cmd.exe

```
...\Django-1.10.3> python3 setup.py install
```

1.3.3 .whl 文件安装

wheel 本质上是一个 zip 包格式，它使用 .whl 扩展名，用于 Python 模块的安装。pip 提供了一个 wheel 子命令来安装 wheel 包。

如图 1.9 所示，Django 同样提供了.whl 文件的下载。下载 Django-1.10.3-py2.py3-none-any. whl 文件，通过 pip 命令安装 whl 文件。

cmd.exe

```
> pip install Django-1.10.3-py2.py3-none-any.whl
```

1.3.4 GitHub 克隆项目安装

Python 的许多库的开源项目都是在 GitHub 上托管的，通过 GitHub 托管可以随时随地提交项目代码，而 PyPI 上的项目是有固定版本的。有些项目在 GitHub 上的代码已经对 Python 3 增加了支持，但在 PyPI 上却还未及时发布支持 Python 3 的版本。还有一些开源项目只在 GitHub 上存在，例如我的 Pyse 项目。所以，这里有必要介绍一下如何从 GitHub 上克隆 Python 项目安装。

以开源的 Pyse 为例：https://github.com/defnngj/pyse

方法一 安装 Git 客户端：https://git-scm.com/downloads

通过“git clone”命令将项目克隆到本地。

Git Bash

```
> git clone https://github.com/defnngj/pyse
```

Windows 系统下面通过 Git Bash 克隆 GitHub 项目，如图 1.10 所示。

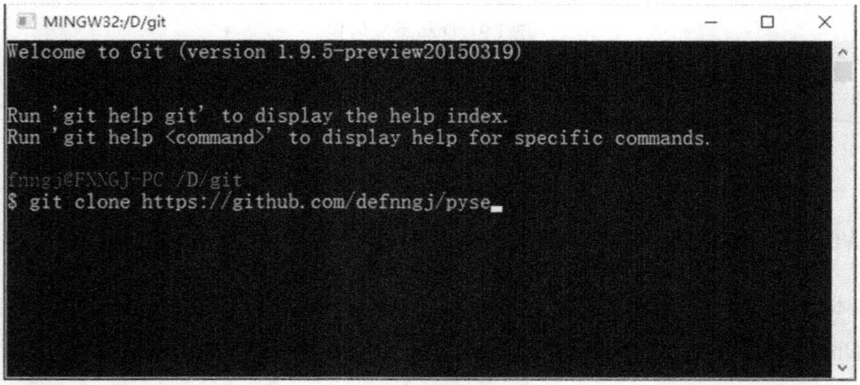

图 1.10 Git 克隆项目

方法二 在 GitHub 项目左侧单击“Clone or download”按钮，在弹出的窗口中选择“Download ZIP”，下载 zip 安装包，如图 1.11 所示。

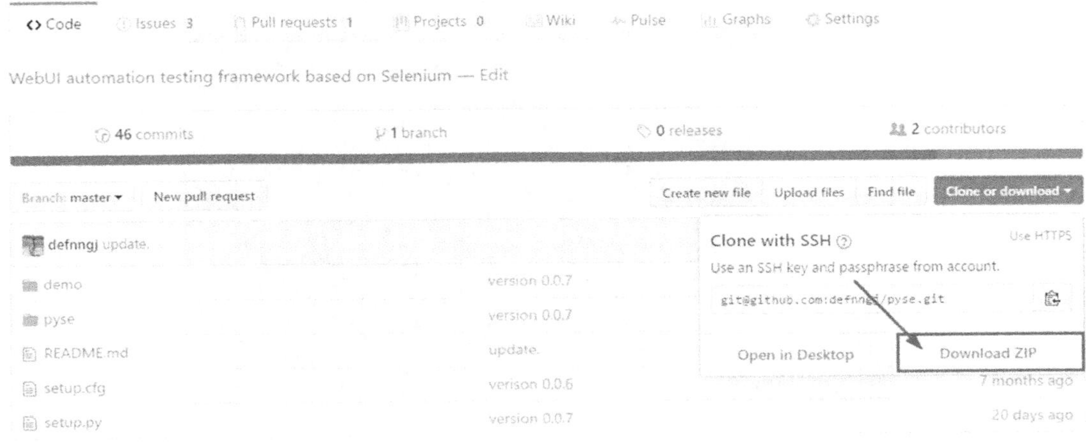

图 1.11　Download 项目

标准的 Python 第三方库一般会提供 setup.py 文件，参考第 1.3.2 节，通过 Python 命令执行 setup.py 文件安装。

1.4　开发工具选择

开发工具的选择也是初学 Python 的同学所面临的问题之一。当然，选择使用开发工具充满了个人偏好。如果你已经对 Python 编程比较熟悉了，那么一定有自己熟悉的开发工具，可以直接跳过本节。如果还在为选择使用什么开发工具而纠结，不如，听一听我的建议。

1.4.1　Sublime Text3

Sublime Text 是一款通用型轻量级编辑器，支持多种编程语言，有许多功能强大的快捷键（如 Ctrl+d），支持丰富的插件扩展。如果平时需要在不同的编程语言之间切换，那么它将会是一个不错的选择。它也是我最喜欢的编辑器之一。

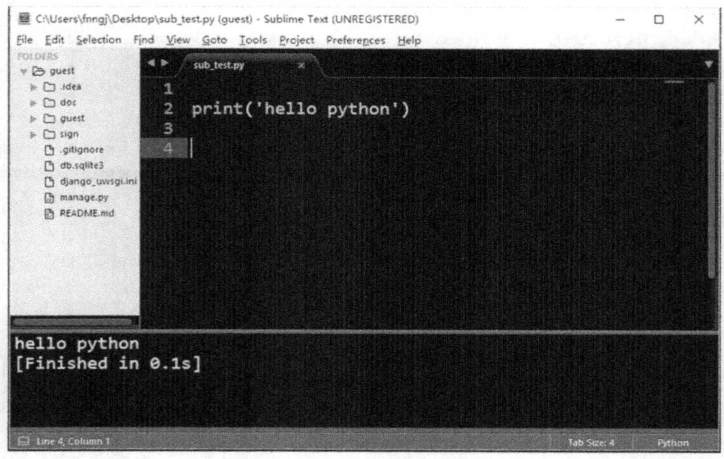

图 1.12 Sublime Text 界面

如果你安装了两个版本的 Python，并且想用该编辑器分别运行两个版本的 Python，那么需要手动添加配置文件。启动 Sublime Text3，如图 1.12 所示。选择菜单栏“Tool”→“Build System”→“New Build System...”，在打开的 untitled.sublime-build 文件中输入以下配置信息。

untitled.sublime-b...

```
{
    "cmd": ["python3", "-u", "$file"],
    "encoding": "cp936",
    "file_regex": "^[ ]*File \"(...*?)\", line ([0-9]*)",
    "selector": "source.python",
}
```

其中“python3”为执行 Python 的命令，根据 1.2.2 节的设置，表示执行的是 Python 3。

将 untitled.sublime-build 文件保存为：python3.sublime-build。

保存路径为...\Sublime Text 3\Packages\User\。可以通过菜单栏“Preferences”→“Browser Packages...”查看该目录的位置。

切换到配置的 Python 3 版本，通过菜单栏“Tool”→“Build System”→“python3”（这里的“python3”与配置文件保存时的前缀有关“python3.sublime-build”），如图 1.13 所示。

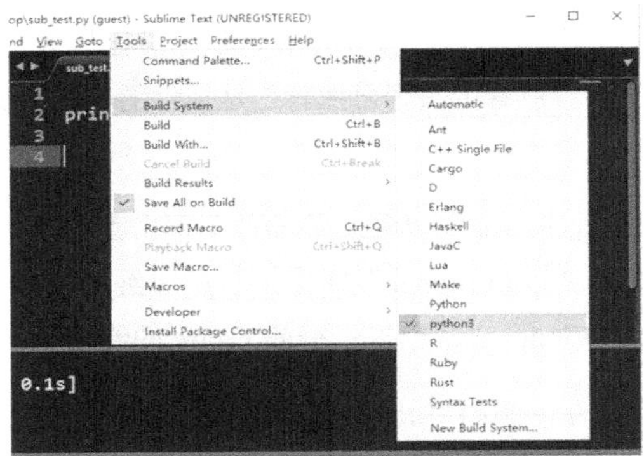

图 1.13 切换 Python 配置

最后，通过快捷键“Ctrl+b” 执行 Python 程序。

1.4.2 Atom

Atom 由目前全球范围内影响力最大的代码仓库/开源社区 GitHub 开发。它开源、免费、跨平台，并且整合 Git，提供类似 SublimeText 的包管理功能，支持插件扩展，可配置性非常高。Atom 界面如图 1.14 所示。

Atom 官方地址：https://atom.io/

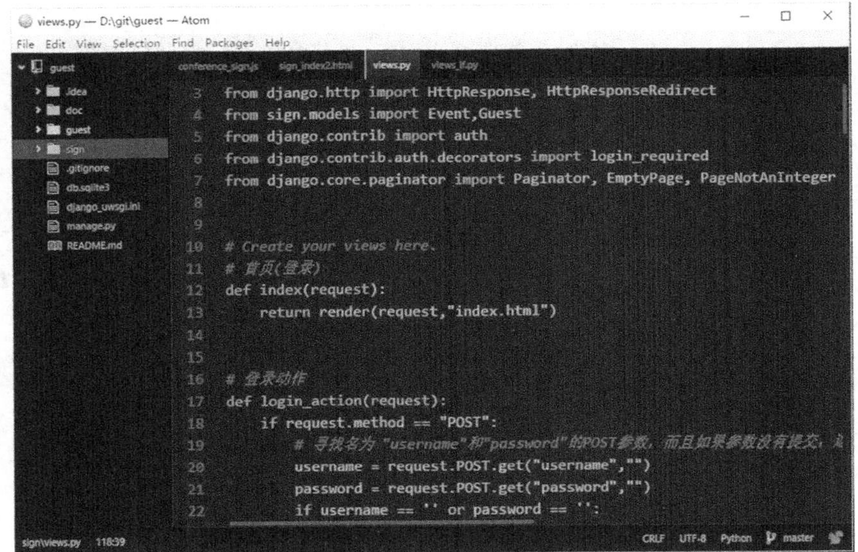

图 1.14 Atom 界面

Atom 与 Sublime Text 有很多相似之处，Atom 体积相对比较大，启动速度略慢，但它有两点是我非常喜欢的：一是代码着色看上去很舒服，二是插件的安装极其方便，只需在“Settings”中搜索插件名安装即可。

使用 Atom 执行 Python 程序，需要单独安装插件，单击菜单栏中的“File”→“Settings”→“Install”，推荐搜索安装“atom-runner”插件，否则单纯将它看成一个编辑器就好，至于 Python 程序的执行可以通过 Windows 命令提示符或 Linux 的终端。

Atom 也有非常炫酷的插件，例如“activate-power-mode”，它会使你的编程过程变得更加有趣。

1.4.3 PyCharm

PyCharm 是 Python 重量级 IDE（Integrated Development Environment），功能非常强大，自动检测语法，可以帮助我们写出更加规范的代码。比较适合开发大型 Python 项目，如图 1.15 所示。

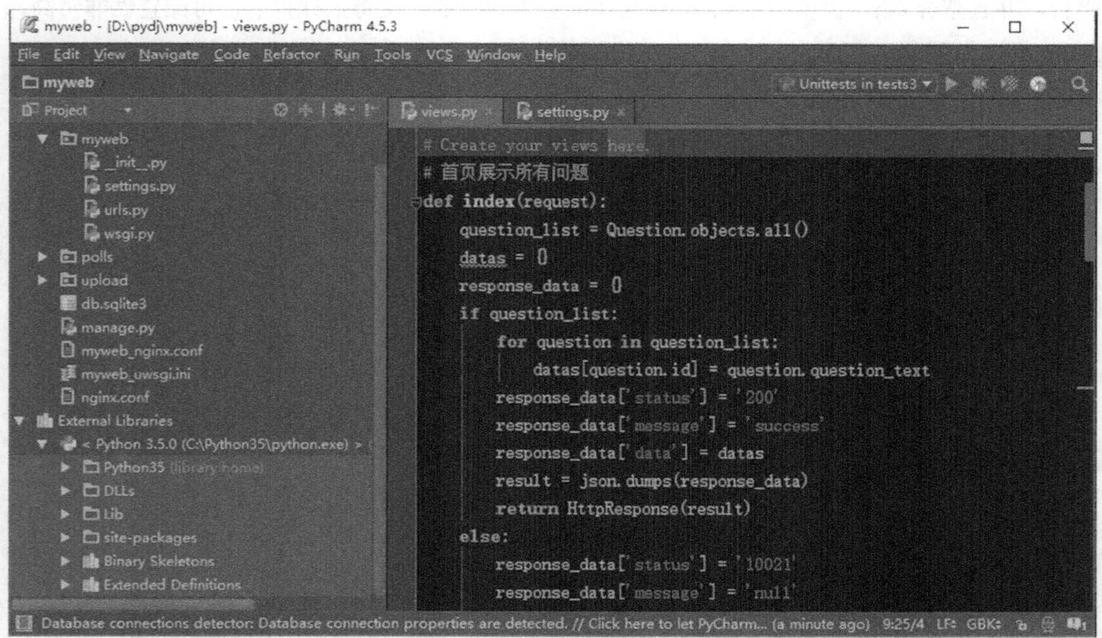

图 1.15 PyCharm 界面

关于 PyCharm 的配置也相对比较复杂，但网上也很容易找到相关的配置文章，这里不再介绍。

1.5　程序报错不要慌

我们找了一本 Python 教程，按照书上的例子一行一行敲下来，结果一运行却出错了。报错对于初学编程的人来说是恐惧的。我这里根据经验谈谈如何应对常见的几类错误。

1.5.1　缩进错误

在 Python 程序中，不需要用“ { } ”来表示一个语句体，也不需要用“;”来表示一个语句的结束。Python 对程序的缩进有着严格的要求，但有时候却并不容易发现缩进问题。

如图 1.16 所示，程序看上去没有任何问题，但运行的时候却出现了“IndentationError: unindent does not match any outer indentation level”的错误。其实错误信息描述，已经很清楚了，但新手往往很难发现错误的原因。

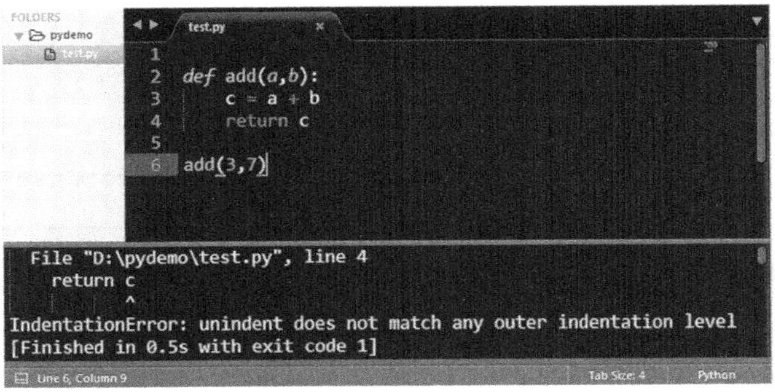

```
def add(a,b):
	c = a + b
    return c

add(3,7)
```

```
  File "D:\pydemo\test.py", line 4
    return c
           ^
IndentationError: unindent does not match any outer indentation level
[Finished in 0.5s with exit code 1]
```

图 1.16　Python 程序报错

如果将程序全选（快捷键 Ctrl+a），就会发现错误，如图 1.17 所示。在 add()函数的语句体中，“c = a + b” 前面是一个 Tab 的间距，而“return c”前面是四个空格的间距。所以，虽然看上去缩进是对齐的，但它们却使用了不同的缩进方法，因而会导致 Python 执行报错。

```
def add(a,b):
	c = a + b
    return c

add(3,7)
```

图 1.17　Sublime Text 中的全选

1.5.2 引包错误

引包错误也是新手经常遇到的一类问题，但这其中有一个大坑。

unittest.py

```
import unittest

class test(unittest.TestCase):
    pass
```

运行程序。

Python Shell

```
Traceback (most recent call last):
  File "D:\pydemo\unittest.py", line 1, in <module>
    import unittest
  File "C:\pydemo\unittest.py", line 3, in <module>
    class test(unittest.TestCase):
AttributeError: module 'unittest' has no attribute 'TestCase'
```

我们要引用的明明是 Python 自带的 unittest 模块，然而程序却提示“module 'unittest' has no attribute 'TestCase'”。这个错误与 Python 的引包机制有关，当在程序中“import”一个模块或库时，Python 首先会查找当前目录下是否存在同名的 Python 文件，如果存在则会优先引用当前目录下的同名文件。

显然，我把自己写的程序文件命名为了“unittest.py”，在程序中又引用“unittest”，那么这就相当于自引用了。而我的真实意图是引用 Python 的 unittest 模块。当然，有时也并不一定是自引用，也可能是程序的所在目录下出现了重名文件或目录。所以，在给编写的程序文件命名时一定要注意。

1.5.3 编码错误

在开发 Python 程序的过程中，会涉及三个方面的编码，具体如下。

（1）Python 程序文件编码。

编写的程序本身也存在编码，一般可以在程序的开头加上“#coding=utf-8”或“#coding=gbk”，使程序统一为 UTF-8 或 GBK 编码。

（2）Python 程序运行环境（IDE）编码。

不管是 Python 自带的 IDLE 或是 PyCharm，使用的 IDE 本身也会有编码。所以要清楚地知道自己的 IDE 所使用的编码。

（3）Python 程序读取外部文件、网页的编码。

最容易出现编码问题的情况应该是用 Python 读取外部文件、网页的时候。首先要确定读取的文件、网页的编码格式，然后通过 decode()和 encode()方法来进行编码转换。

decode 的作用是将其他编码的字符串转换成 Unicode 编码。

encode 的作用是将 Unicode 编码转换成其他编码的字符串。

当我们再遇到 Python 的编码问题时，从以上三个方面分析就可以很容易地解决了。

1.5.4　学会分析错误

新手往往在看到程序抛出的一大堆报错时会变得手足无措，比起一大堆的报错，最难解决的问题是没有任何报错信息，而程序却无法正确地执行。如果能正确认真阅读报错信息，一般会很容易找到出现错误的原因。

cmd.exe

```
......
Traceback (most recent call last):
  File "C:\Python35\lib\site-packages\django\core\handlers\exception.py",
line 39, in inner
    response = get_response(request)
  File "C:\Python35\lib\site-packages\django\core\handlers\base.py", line 249,
in _legacy_get_response
    response = self._get_response(request)
  File "C:\Python35\lib\site-packages\django\core\handlers\base.py", line 187,
in _get_response
    response = self.process_exception_by_middleware(e, request)
  File "C:\Python35\lib\site-packages\django\core\handlers\base.py", line 185,
in _get_response
    response = wrapped_callback(request, *callback_args, **callback_kwargs)
```

```
  File "C:\Python35\lib\site-packages\django\contrib\auth\decorators.py",
line 23, in _wrapped_view
    return view_func(request, *args, **kwargs)
  File "D:\git\guest\sign\views.py", line 85, in search_phone
    print(phone)
NameError: name 'phone' is not defined
```

上面是 Django 的一段报错信息。在分析报错信息时，一般要遵循以下两点。

（1）**找到自己写的程序**。所以前面的一大段信息就没必要看了；根据倒数第三行的提示："File "D:\git\guest\sign\views.py", line 85, in search_phone"（views.py 文件的第 85 行，在 search_phone 函数中），找到自己写的代码"print(phone)"。

（2）**看最终的错误提示**。最终的提示为"NameError: name 'phone' is not defined"。"NameError"为错误类型，根据错误类型可以锁定错误范围。"name 'phone' is not defined"为错误提示（名字'phone'没有定义）。结合第一点找到自己写的程序，显然，print()打印的'phone'变量没有定义。

第 2 章

Django入门

之所以会选择 Django Web 框架来做 Web（接口）开发，除了它功能强大之外，最主要的原因是学习资料丰富，这一点在我看来尤为重要。对于初学者而言，如果将要学习的技术资料非常匮乏，那么学习过程就会变得异常艰难，从而容易受挫，最后放弃。相反，如果遇到问题很容易找到答案，那么学习就会变得简单得多。Django 相比其他 Web 框架的资料来说要丰富得多。

Django 是在 BSD 许可证下的开源项目。官方建议在 Python 3 的最新版本下使用 Django，但你也可以在 Python 2.7 版本中使用它。

Django 对 Python 版本的支持情况如表 2.1 所示。

表 2.1　Django 对 Python 版本的支持情况

Django version	Python versions
1.8	2.7，3.2 (until the end of 2016)，3.3，3.4，3.5
1.9，1.10	2.7，3.4，3.5
1.11	2.7，3.4，3.5，3.6
2.0	3.5+

2.1　Django 开发环境

Django 的版本大致分为三种：第一种是长时期支持版本（Long Term Support，简称 LTS）；第二种是正式发布的稳定版本；第三种是预览版（一般版本号中带 a1、a2、b1、b2 的标识），主要为愿意尝试新功能的用户使用。

2.1.1 在 Windows 下安装 Django

Django 官方网站：https://www.djangoproject.com/

Python 官方仓库下载地址：https://pypi.python.org/pypi/Django

在开始安装 Django 之前，不得不事先说明，Django 是一个更新非常频繁的 Web 框架，每个版本之间或多或少都会有些差异，这些差异可能会给初学者造成困惑。我在编写本书时已选用了最新的版本 Django1.10.3，但当你拿到本书时，Django 也许已经更新了很多版。所以如果你是初学者，最好让 Django 的版本与本书中的保持一致。

Django 的安装同样符合第 1.3 节所介绍的几种安装方式。官方网站建议使用 pip 命令来安装 Django。

cmd.exe

```
> pip install django==1.10.3
……

或者：
> pip3 install django==1.10.3
……

或者：
> python3 -m pip install django==1.10.3
……

或者：
> pip install -i https://pypi.douban.com/simple/ django=1.10.3
……
```

上面的四行命令，任意一行都可以成功地安装 Django。如果只安装一个版本的 Python，那么第一个命令即可成功安装 Django，第二、三行命令是在你同时安装了 Python 的两个版本的情况下，用于区分 Python 2 时使用的。第四行命令是通过指定豆瓣源来安装 Django。

2.1.2 在 Ubuntu 下安装 Django

Linux 操作系统的版本有很多，这里以流行的 Ubuntu 系统为例。

因为 Ubuntu 系统本身对 Python 有很强的依赖，所以 Ubuntu 自带的就有 Python 。而且新的 Ubuntu 系统同时集成了 Python 2 与 Python 3，打开终端，输入“python”或“Python3”命令回车，分别进入两个版本的 Python Shell 模式。

ubuntu 终端

```
fnngj@ubuntu:~$ python   # Python2
Python 2.7.11+ (default, Apr 17 2016, 14:00:29)
[GCC 5.3.1 20160413] on linux2
Type "help", "copyright", "credits" or "license" for more information.
>>> quit()   #退出 Python

fnngj@ubuntu:~$ python3  # Python3
Python 3.5.1+ (default, Mar 30 2016, 22:46:26)
[GCC 5.3.1 20160330] on linux
Type "help", "copyright", "credits" or "license" for more information.
>>>
```

在 Ubuntu 下，Django 的安装方法与在 Windows 中基本一样，这里不再说明。在 Linux 下开发 Django 同样是个不错的选择，所以，本书中的所有开发与测试代码同样可以在 Linux 下正常运行。

2.2　开始第一个 demo

按照惯例，应该先介绍一下什么是 Web 框架，以及 Django 的特性和架构。但对于新手来说，灌输这些概念并不能使我们真正了解 Django，所以，先通过一个简单的 demo 来体会 Django 是如何工作的。

我们要开发一个什么样的应用？

开发一个什么样的应用才能很好地涵盖到我想要在本书中所要讲解的知识点呢？我花了很长时间来思考这个问题。作为一名多年来一直从事软件测试工作的人员来说，并没有多少项目开发的经验，Django 的相关资料中的一些项目对于我要介绍的知识点来说也并不太合适。偶然想起前段时间所测试的一个发布会签到系统（该系统由 PHP 语言开发），我尝试着用 Django 开发了一个简单的版本，基本可以涵盖本书所介绍的技术。嗯，就它了！下面和我一起来完成这样一个项目吧。

2.2.1 创建项目与应用

如果你已经成功安装 Django，那么在.../python35/Scripts/目录中将会多出一个 django-admin.exe 可执行文件。在 Windows 命令提示符下输入“django-admin”命令回车。

cmd.exe

```
> django-admin

Type 'django-admin help <subcommand>' for help on a specific subcommand.

Available subcommands:

[django]
    check
    compilemessages
    createcachetable
    dbshell
    diffsettings
    dumpdata
    flush
    inspectdb
    loaddata
    makemessages
    makemigrations
    migrate
    runserver
    sendtestemail
    shell
    showmigrations
    sqlflush
    sqlmigrate
    sqlsequencereset
    squashmigrations
    startapp
    startproject
    test
    testserver
```

这里罗列了 Django 所提供的命令，其中使用“startproject”命令来创建项目。

cmd.exe

```
> django-admin startproject guest    #创建 guest 项目
```

将该项目命名为“guest”。项目结构如下：

```
guest/
├── guest/
│   ├── __init__.py
│   ├── settings.py
│   ├── urls.py
│   └── wsgi.py
└── manage.py
```

guest/__init__.py：一个空的文件，用它标识一个目录为 Python 的标准包。

guest/settings.py：Django 项目的配置文件，包括 Django 模块应用配置、数据库配置、模板配置等。

guest/urls.py：Django 项目的 URL 声明。

guest/wsgi.py：与 WSGI 兼容的 Web 服务器为你的项目提供服务的入口点。

manage.py：一个命令行工具，可以让你在使用 Django 项目时以不同的方式进行交互。

cmd.exe

```
> cd guest          # 进入 guest 项目
\guest> python3 manage.py    # 查看 manage 所提供的命令
Type 'manage.py help <subcommand>' for help on a specific subcommand.

Available subcommands:

[auth]
   changepassword
   createsuperuser

[django]
   check
   compilemessages
   createcachetable
   dbshell
```

```
    diffsettings
    dumpdata
    flush
    inspectdb
    loaddata
    makemessages
    makemigrations
    migrate
    sendtestemail
    shell
    showmigrations
    sqlflush
    sqlmigrate
    sqlsequencereset
    squashmigrations
    startapp
    startproject
    test
    testserver

[sessions]
    clearsessions

[staticfiles]
    collectstatic
    findstatic
    runserver
```

manage.py 所提供的许多命令都与 django-admin 相同。如果想进一步了解它们的作用与区别，可以查看 Django 的官方文档。

https://docs.djangoproject.com/en/1.10/ref/django-admin/

对于新手来说，暂时不需要弄清楚这其中的每一个细节，你只需跟着我一步一步操作即可，等到我们对 Django 开发有了一定的了解后，再回头来对这些细节追根问底。

接下来，使用“startapp”命令创建应用。一个项目可以包含多个应用，而我们要开发的签到系统需要在具体应用下完成。

cmd.exe

```
\guest> python3 manage.py startapp sign    #创建 sign 应用
```

创建"sign"应用。

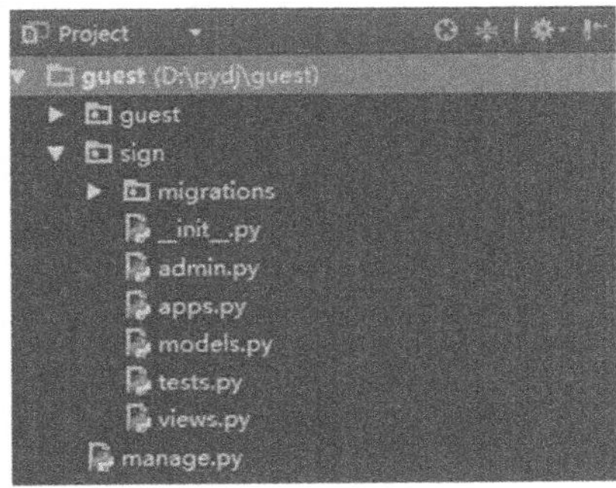

图 2.1　Django 应用目录

Django 应用的目录结构（通过 PyCharm 开发工具截图）如图 2.1 所示。

migrations/：用于记录 models 中数据的变更。

admin.py：映射 models 中的数据到 Django 自带的 admin 后台。

apps.py：用于应用程序的配置，在新的 Django 版本中新增文件。

models.py：Django 的模型文件，创建应用程序数据表模型（对应数据库的相关操作）。

tests.py：创建 Django 测试用例。

views.py：Django 的视图文件，控制向前端页面显示的内容。

2.2.2　运行项目

Django 提供了 Web 容器，通过"runserver"命令就可以把项目运行起来。

cmd.exe

```
\guest> python3 manage.py runserver
Performing system checks...

System check identified no issues (0 silenced).
```

```
You have 13 unapplied migration(s). Your project may not work properly until
you apply the migrations for app(s): admin, auth, contenttypes, sessions.
Run 'python manage.py migrate' to apply them.
December 06, 2016 - 22:23:02
Django version 1.10.3, using settings 'guest.settings'
Starting development server at http://127.0.0.1:8000/
Quit the server with CTRL-BREAK.
```

Django 默认通过本机的 8000 端口来启动项目。打开浏览器，访问：http://127.0.0.1:8000/，如图 2.2 所示。

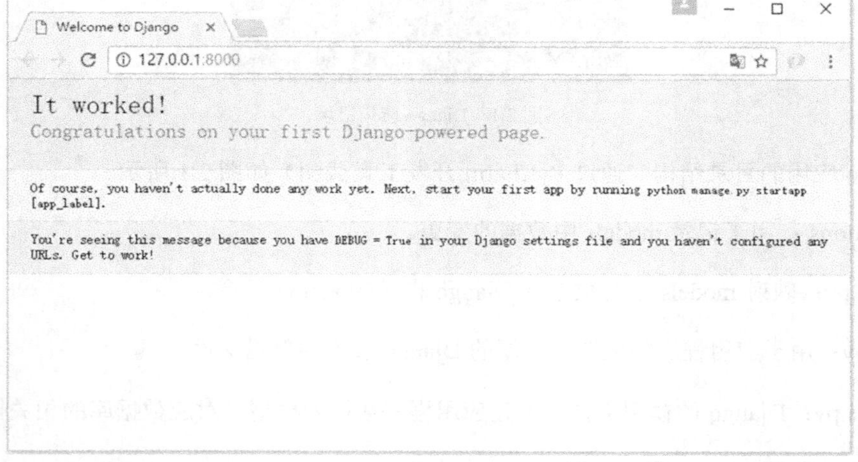

图 2.2　Django 默认页面

如果可以在浏览器中看到图 2.2 所示页面，那么说明 Django 已经可以工作了。

如果你的当前环境 8000 端口号被占用了，那么也可以在启动时指定 IP 地址和端口号。

cmd.exe

```
\guest> python3 manage.py runserver 127.0.0.1:8001
......
```

其中“127.0.0.1”为指向本机的 IP 地址，“8001”为设置的端口号。

2.2.3　Hello Django！

大多编程语言的教程，第一个例子总是会教你如何打印“Hello xxx！”，我们也不免俗套，接下来跟着我在 Web 页面上打印“Hello Django!”。

在此之前，我们首先需要配置一下 guest/settings.py 文件，将 sign 应用添加到项目中。

setting.py

```
……
# Application definition

INSTALLED_APPS = [
    'django.contrib.admin',
    'django.contrib.auth',
    'django.contrib.contenttypes',
    'django.contrib.sessions',
    'django.contrib.messages',
    'django.contrib.staticfiles',
    'sign',
]
……
```

计划通过/index/路径来显示“Hello Django!”。在浏览器地址栏输入：http://127.0.0.1:8001/index/，如图 2.3 所示。

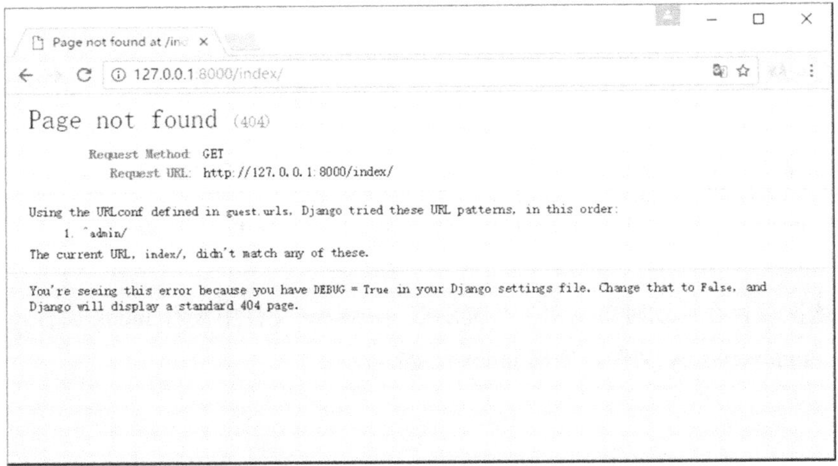

图 2.3　Django 默认页面

显然，访问的路径并不存在，如图 2.3 所示，Django 提示“Page not found(404)”，不要害怕！这并不是一个严重的错误，只是因为访问了一个不存在的路径而已，认真读一下页面上的提示，将会得到不少有用信息：

◎ Django 在项目的 guest 子目录下通过 urls.py 文件来定义 URLconf。

◎ 但是，在 urls.py 文件中只找到了一个 admin/路径的路由配置。

◎ 当前 URL 和 index/并没有匹配到。

根据 Django 的提示，打开../guest/urls.py 文件，添加/index/的路由配置。

urls.py

```
……
from django.conf.urls import url
from django.contrib import admin
from sign import views    #导入 sign 应用 views 文件

urlpatterns = [
    url(r'^admin/', admin.site.urls),
    url(r'^index/$', views.index),  #添加 index/路径配置
]
```

重新启动项目。

cmd.exe

```
\guest>python3 manage.py runserver
Performing system checks...
……

  File "D:\pydj\guest\guest\urls.py", line 22, in <module>
    url(r'^index/$', views.index),
AttributeError: module 'sign.views' has no attribute 'index'
```

等等！这次项目在启动时就出错了！提示在 views.py 文件中没有 index 属性，确实如此。接下来打开../sign/views.py 文件，创建 index 函数。

views.py

```
from django.http import HttpResponse

# Create your views here.
def index(request):
    return HttpResponse("Hello Django!")
```

定义 index 函数，并通过 HttpResponse 类向客户端（浏览器）返回字符串“Hello Django!”。

HttpResponse 类在 django.http.HttpResponse 中，以字符串的形式传递给客户端。

如图 2.4 所示，页面成功出现了“Hello Django！”。开心一下吧，你的第一个 Django 程序已经成功了。

图 2.4　Hello Django!

2.2.4　使用模板

现在通过 HTML 页面来替代“Hello Django！”字符串，那么处理方式也会有所不同，我们可以认为这是一次重构。

在应用 sign/目录下创建 templates/index.html 文件。（Django 默认查找 templates/目录下的 HTML 文件，不要随便命名该目录名！）

index.html

```
<html>
  <head>
    <title>Django Page</title>
  </head>
  <body>
    <h1>Hello Django!</h1>
  </body>
</html>
```

关于 HTML（超文本标记语言）的使用，请读者参考其他资料学习。

修改视图文件 views.py 中的 index 函数。

views.py

```
from django.shortcuts import render

# Create your views here.
def index(request):
    return render(request,"index.html")
```

这里抛弃 HttpResponse 类，转而使用 Django 的 render 函数。request 为请求对象，“index.html”为返回给客户端的 HTML 页面。

再次刷新浏览器，查看 index.html 中所展示的内容。

2.3 Django 工作流

通过前面的简单例子，相信你对用 Django 开发 Web 项目已经有了一个初步的印象。下面用一张图来总结一下上面例子中 Django 的处理流程，如图 2.5 所示。

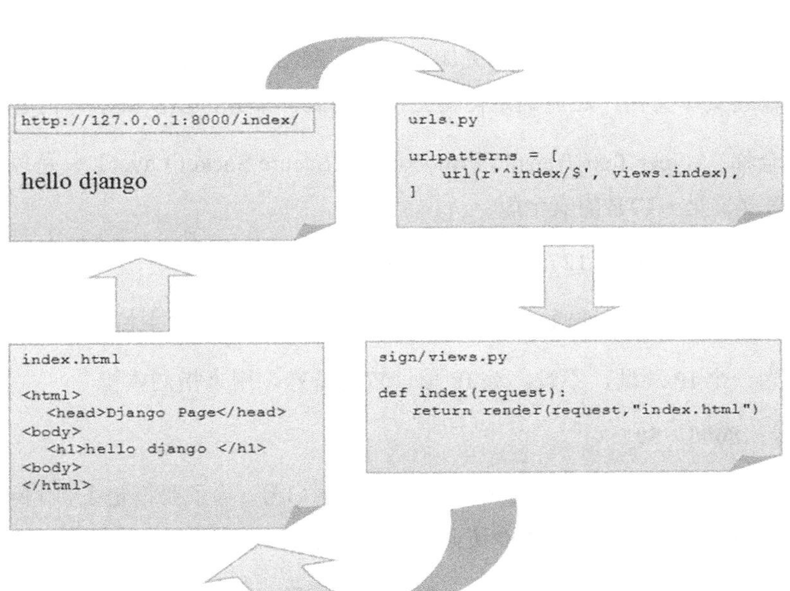

图 2.5　Django 处理流程

需要说明的是，这个处理流程并非 Django 的完整处理流程，其中最主要的就是缺失了数据层（model）的操作，但目前并没有涉及数据层的操作，所以先暂时忽略。

在学习更多 Django 开发知识之前，希望你能把这个处理流程先记下来。因为后续的开发都是在此基础上对每一步骤的延伸及扩展。所以，接下来进一步对每个步骤进行解释。

2.3.1　URL 组成

作为一个网站的用户，我们首先会在浏览器的 URL 地址栏输入：http://127.0.0.1:8000/index/，如图 2.6 所示。

图 2.6　URL 地址

URL 地址由以下几部分组成。

1．协议类型：HTTP/HTTPS

HTTP（HyperText Transfer Protocol，超文本传输协议）是从 WWW 服务器传输超文本到本

地浏览器的传送协议。它可以使浏览器更加高效，使网络传输内容减少。它不仅保证了计算机正确快速地传输超文本文档，还能确定传输文档中的某一部分，以及哪部分内容首先显示等。

HTTPS（全称：Hyper Text Transfer Protocol over Secure Socket Layer），是以安全为目标的HTTP 通道，简单讲是 HTTP 的安全版。

2．主机地址：itest.info，127.0.0.1

itest.info 为一个网址，网址通过域名解析服务器找到对应的 IP 主机。

127.0.0.1 为一个 IP 地址，不过，该 IP 地址较为特殊，用来指向本机。

3．端口号：8000，80

一台主机上有很多应用，不同的应用占用不同的端口号，除了要指定主机（网址或 IP 地址）外，还要进一步指定相应的端口号才能访问到具体的应用。

前面在运行 Django 服务器时，默认使用 8000 端口号，所以，在浏览器中输入 IP 地址之后，还要指向端口号，才能访问到 Django 应用。

4．路径：/index/，/admin/

一般用来表示主机上的一个目录或文件地址。

2.3.2 URLconf

为了给一个应用设计 URL 需要创建一个 Python 模块，这个 Python 模块通常称为 URLconf（URL configuration）。这个模块包含 URL 模式（简单的正则表达式）到视图函数（默认 views.py 文件中的函数）的简单映射，图 2.7 为 urls.py 文件。

```
from django.conf.urls import url
from django.contrib import admin
from sign import views

urlpatterns = [
    url(r'^admin/', admin.site.urls),
    url(r'^index/$', views.index),  #添加index/路径配置
]
```

图 2.7 urls.py 文件

Python 正则表达式如表 2.2 所示。

表 2.2　r'^index/$'

r'^index/$'	
匹配符	含　义
r	字符串前面加"r"是为了防止字符串中出现类似"\t"字符时被转义
^	匹配字符串开头；在多行模式中匹配每一行的开头，如^abc，abc
$	匹配字符串末尾；在多行模式中匹配每一行末尾，如 abc$，abc

通过^index/$ 匹配到/index/目录。将请求指向 sign 应用 views.py 视图文件中的 index 函数处理。

Django 处理一个请求的过程如下。

❶ Django 使用的是根 URLconf 模块。这个值通常是通过 ROOT_URLCONF 设置（在.../settings.py 文件中）。

❷ Django 加载 URLconf 模块（urls.py 文件），并寻找可用的 urlpatterns。

❸ Django 依次匹配每个 URL 模式，在与请求的 URL 匹配的第一个模式处停下来。

❹ 一旦其中的一个正则表达式匹配上，则 Django 将请求指向对应的视图函数处理。

❺ 如果没有匹配到正则表达式，或者过程中抛出一个异常，则 Django 将调用一个适当的错误处理视图。

2.3.3　views 视图

接下来请求的处理就到了.../sign/views.py 文件中的 index 视图函数，如图 2.8 所示。

```
from django.shortcuts import render
from django.http import HttpResponse


# Create your views here.
def index(request):
    #return HttpResponse("Hello Django!")
    return render(request,"index.html")
```

图 2.8　index 视图函数

视图函数，简称视图，是一个简单的 Python 函数，它接受 Web 请求并且返回 Web 响应。响应可以是一张 HTML 网页、一个重定向、一个 404 错误、一个 XML 文档、或者一张图片……

是任何东西都可以。无论视图本身包含什么逻辑，都要返回响应。代码写在哪里也无所谓，只要它在你的 Python 目录下面即可。

2.3.4 templates 模板

打开.../sign/templates/index.html 文件，如图 2.9 所示

```
<html>
  <head>
    <title>Django Page</title>
  </head>
  <body>
    <h1>Hello Django!</h1>
  </body>
</html>
```

图 2.9 index.html

作为 Web 框架，Django 需要一种非常便利的方法动态地生成 HTML。最常见的做法是使用模板。模板包含所需 HTML 输出的静态部分以及一些特殊的语法，描述如何将动态内容插入数据中。当然，我们也可以在模板中使用任何前端技术，比如 CSS、JavaScript 等。

2.4 MTV 开发模式

在钻研更多代码之前，让我们先花点时间考虑 Django 数据驱动 Web 应用的总体设计。Django 的设计鼓励松耦合以及对应用程序中不同部分的严格分割。遵循这个理念的话，要想修改应用的某部分而不影响其他部分就比较容易了。在视图函数中，我们已经讨论了通过模板系统把业务逻辑和表现逻辑分隔开的重要性。在数据库层中，我们对数据访问逻辑也应用了同样的理念。把数据存取逻辑、业务逻辑和表现逻辑组合在一起的概念有时被称为软件架构的 Model-View-Controller（MVC）模式。在这个模式中，Model 代表数据存取层，View 代表的是系统中选择显示什么和怎么显示的部分，Controller 指的是系统中根据用户输入及需要访问模型，以决定使用哪个视图的哪部分。

1．为什么用缩写

像 MVC 这种明确定义模式的主要作用是改善开发人员之间的沟通。比起告诉同事，“让我们采用抽象的数据存取方式，然后单独划分一层来显示数据，并且在中间加上一个控制它的层”，一个通用的说法会让你受益，你只需说：“我们在这里使用 MVC 模式吧。”。Django 紧

紧地遵循这种 MVC 模式，可以称得上是一种 MVC 框架。下面是 Django 中 M、V 和 C 各自的含义：

◎ M：数据存取部分，由 Django 数据库层处理，第 4 章要讲述的内容。
◎ V：选择显示哪些数据以及怎样显示的部分，由视图和模板处理。
◎ C：根据用户输入委派视图的部分，由 Django 框架根据 URLconf 设置，对给定 URL 调用适当的 Python 函数。

2．MTV 开发模式

由于 C 由框架自行处理，而 Django 里更关注的是模型（Model）、模板（Template）和视图（Views），因此 Django 也被称为 MTV 框架。在 MTV 开发模式中：

◎ M 代表模型（Model），即数据存取层。该层处理与数据相关的所有事务，即如何存取、如何验证有效。
◎ T 代表模板（Template），即表现层。该层处理与表现相关的决定，即如何在页面或其他类型文档中进行显示。
◎ V 代表视图（View），即业务逻辑层。该层包含存取模型及调取恰当模板的相关逻辑。你可以把它看作是模型与模板之间的桥梁。

如果你熟悉其他的 MVC Web 开发框架，比如说 Ruby on Rails，那么你可能会认为 Django 视图是控制器，而 Django 模板是视图。很不幸，这是对 MVC 不同诠释所引起的错误认识。在 Django 对 MVC 的诠释中，视图用来描述要展现给用户的数据；而不是数据如何展现以及展现哪些数据。相比之下，Ruby on Rails 及一些同类框架提倡控制器负责决定向用户展现哪些数据，而视图仅决定如何展现数据，而不是展现哪些数据。

两种诠释中没有哪个更加正确一些，重要的是要理解底层概念。

本小节引自 *The Django book* 一书。

第3章

Django视图

以需求来驱动学习是我一直所推荐的学习方式，即在学习一项技术之初就要确定好目标。所以，本书在一开始就帮你定好了目标，使用 Django 开发一个发布会签到系统。那么，作为一个系统，用户登录功能必不可少。本章将会教你开发一个用户登录功能。不要小看这个登录哦！它可包含了许多知识点。

3.1 来写个登录功能

请继续在第 2 章的基础上开发，不过这一次选择先从前端页面开始。打开.../sign/templates/index.html 文件，开发一个登录表单。

index.html

```
<html>
  <head>
    <title>Django Page</title>
  </head>
  <body>
    <h1>发布会管理</h1>
    <form>
      <input  name="username" type="text" placeholder="username" ><br>
      <input name="password" type="password" placeholder="password"><br>
      <button id="btn" type="submit">登录</button>
  </form>
  </body>
</html>
```

启动 Django 服务，访问：http://127.0.0.1:8000/index/，如图 3.1 所示。

图 3.1　登录功能

虽然在页面上已经看到了一个登录功能，但它还并不可用。真正实现登录功能还需要思考以下一些问题。当输入用户名密码并单击“登录”按钮之后，登录表单（form）中的数据要以什么方式（GET/POST）提交到服务器端？Django 如何验证用户名/密码的正确性？如果验证成功应该如何处理？如果验证失败又如何将错误提示返回客户端？

3.1.1　GET 与 POST 请求

当客户端通过 HTTP 协议向服务器提交请求时，最常用到的方法就是 GET 和 POST。

- ◎　GET：从指定的资源请求数据。
- ◎　POST：向指定的资源提交要被处理的数据。

1．GET 请求

先来看看 GET 方法是如何传参数的，给 form 表单添加属性 method="get"。

index.html

```
……
    <form method="get">
      <input  name="username" type="text" placeholder="username" ><br>
      <input name="password" type="password" placeholder="password"><br>
      <button id="btn" type="submit">登录</button>
  </form>
……
```

保存在 index.html 文件，刷新登录页面。输入用户名/密码（admin/admin123），单击“登录”按钮。

查看浏览器 URL 地址栏：

http://127.0.0.1:8000/index/?username=admin&password=admin123

GET 方法会将用户提交的数据添加到 URL 地址中，路径后面跟问号“？”。username 为 HTML 代码中<input>标签的 name 属性值（name="username"），admin 是我们在用户名输入框中填写的用户名。password=admin123 的取值方式与用户名相同。多个参数之间用“&”符号隔开。

2．POST 请求

同样是上面的代码，再次将 form 表单中的属性修改为 method="post"。刷新页面，输入用户名/密码，单击“登录”按钮。弹出“CSRF verification failed. Request aborted.”。如图 3.2 所示。

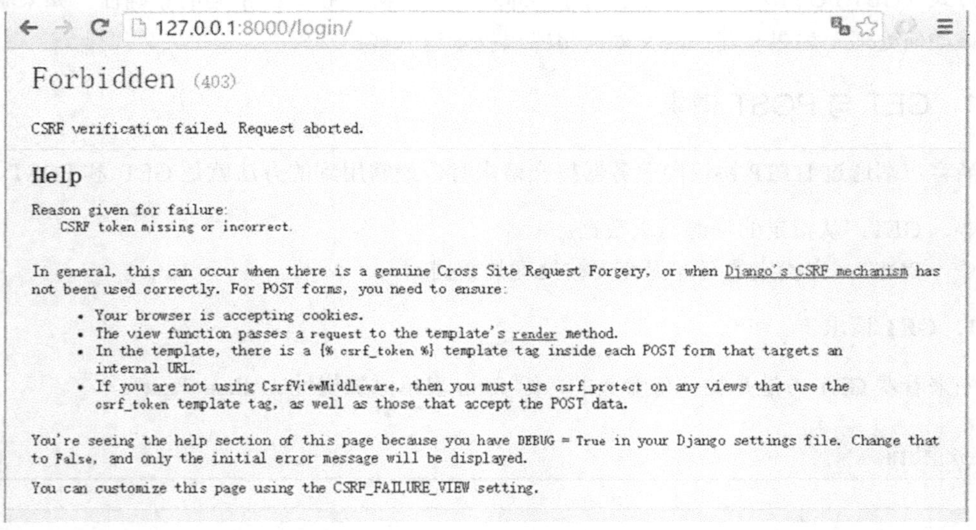

图 3.2　CSRF verification failed. Request aborted.

这个提示出乎意料，很多人看到这个错误的第一反应就是不知所措。如果能静下心来仔细阅读上面的帮助信息，那么将会知道这个错误的原因，并且找到解决办法。我希望你能养成阅读错误提示的习惯，而不是第一时间选择求助高手或搜索引擎。

如果你从未听说过“跨站请求伪造”（Cross-Site Request Forgery，CSRF）漏洞，那么现在就去查资料吧！Django 针对 CSRF 的保护措施是在生成的每个表单中放置一个自动生成的令牌，通过这个令牌判断 POST 请求是否来自同一个网站。

之前的模板都是纯粹的 HTML，这里首次用到 Django 的模板，使用“模板标签”（Template Tag）添加 CSRF 令牌。在 from 表单中添加{% csrf_token %}。

index.html

```
……
    <form method="post">
      <input  name="username" type="text" placeholder="username" ><br>
      <input name="password" type="password" placeholder="password"><br>
      <button id="btn" type="submit">登录</button>
      {% csrf_token %}
    </form>
……
```

然后，刷新页面并重新提交登录表单，错误提示页面消失了。

如图 3.3 所示，借助 Firebug 前端调试工具查看 POST 请求。你会看到除了 usrname 和 password 参数外，还多了一个 csrfmiddlewaretoken 的参数。当页面向 Django 服务器发送一个 POST 请求时，服务器端要求客户端加上 csrfmiddlewaretoken 字段，该字段的值为当前会话 ID 加上一个密钥的散列值。

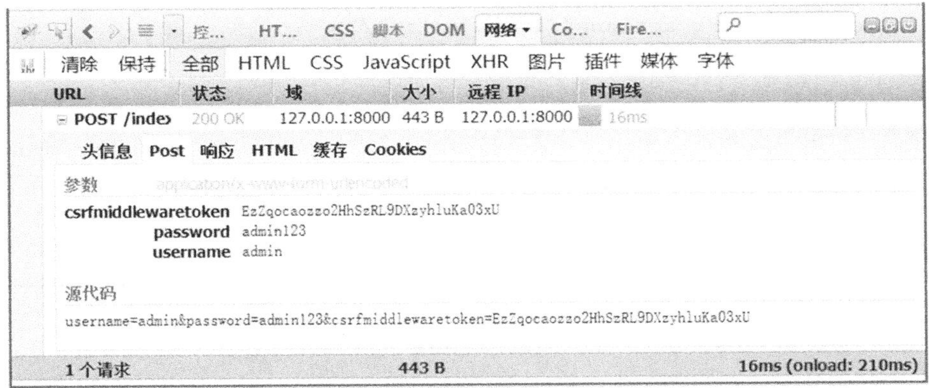

图 3.3 通过 FireBug 查看 POST 请求

如果想忽略掉该检查，那么可以在.../guest/settings.py 文件中注释掉 csrf。

settings.py

```
……
MIDDLEWARE = [
    'django.middleware.security.SecurityMiddleware',
    'django.contrib.sessions.middleware.SessionMiddleware',
    'django.middleware.common.CommonMiddleware',
    #'django.middleware.csrf.CsrfViewMiddleware',
    'django.contrib.auth.middleware.AuthenticationMiddleware',
    'django.contrib.messages.middleware.MessageMiddleware',
    'django.middleware.clickjacking.XFrameOptionsMiddleware',
]
……
```

3.1.2 处理登录请求

现在知道了将表单中的数据提交给服务器的两个方式（GET/POST），那么 Django 服务器是如何接收请求的数据并加以处理的呢？可以通过 form 表单的 action 属性来指定提交的路径。打开 index.html 文件，添加内容如下。

index.html

```
……
    <form method="post" action="/login_action/">
……
```

当我们填写用户名/密码，单击“登录”按钮时，由 http://127.0.0.1:8000/login_action/ 路径来提交登录请求。所以，打开../guest/urls.py 文件添加 login_action/的路由。

urls.py

```
……
from sign import views

urlpatterns = [
    ……
url(r'^login_action/$', views.login_action),
]
```

登录请求由 views.py 视图文件的 login_action 函数来处理，打开 sign/views.py 文件，创建 login_action 视图函数。

views.py

```
from django.shortcuts import render
from django.http import HttpResponse

……
# 登录动作
def login_action(request):
    if request.method == 'POST':
        username = request.POST.get('username', '')
        password = request.POST.get('password', '')
        if username == 'admin' and password == 'admin123':
            return HttpResponse('login success!')
        else:
            return render(request,'index.html', {'error': 'username or password
error!'})
```

通过 login_aciton 函数来处理登录请求。

客户端发送的请求信息全部包含在 request 中。关于如何获取 request 中包含的信息，可参考 Django 文档：

https://docs.djangoproject.com/en/1.10/ref/request-response/

首先，通过 request.method 得到客户端的请求方式，并判断其是否为 POST 方式的请求。

接着，通过 request.POST 来获取 POST 请求。通过.get()方法获取“username”和“password”所获取的用户名/密码（admin/admin123）。如果参数为空，则返回一个空的字符串。

> **注：**此处的“username”和“password”对应 form 表单中<input>标签的 name 属性，可见这个属性的重要性。

最后，通过 if 语句判断 username 和 password 的值是否为“admin/admin123”。如果是则通过 HttpResponse 类返回字符串“login success!”。否则，将通过 render 返回 index.html 登录页面，并且顺带返回错误提示的字典“{'error': 'username or password error!'}”。

但是，登录页面并没有显示错误提示的位置，打开 index.html 页面修改如下。

index.html

```
……
    <form method="post" action="/login_action/">
      <input  name="username" type="text" placeholder="username" ><br>
      <input name="password" type="password" placeholder="password"><br>
      {{ error }}<br>
      <button id="btn" type="submit">登录</button>
      {% csrf_token %}
    </form>
……
```

使用 Django 的模板语言，添加{{ error }}，它对应 render 返回字典中的 key，即‘error’。在登录失败的页面中显示对应的 value，即‘username or password error!’。好了，现在来体验一下登录功能，分别看看登录成功和失败的效果，如图 3.4 和图 3.5 所示。

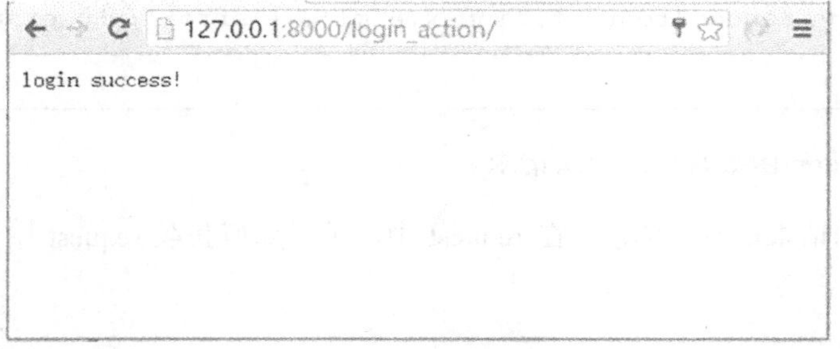

图 3.4　登录成功

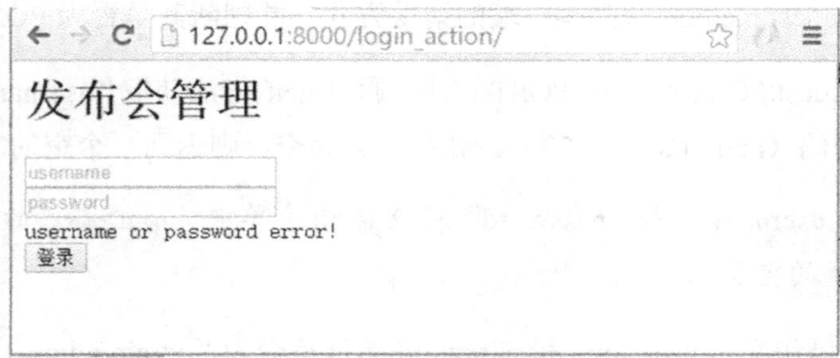

图 3.5　登录失败

3.1.3　登录成功页

显然，登录成功返回的“login success!”字符串只是一种临时方案，只是为了方便验证登录的处理逻辑，现在验证没有问题之后，需要通过 HTML 页面来替换。

我们要开发的是发布会签到系统，那么登录之后默认应该是什么呢？应该是显示发布会管理页面。所以，首先创建.../templates/event_manage.html 页面。

event_manage.html

```
<html>
  <head>
    <title>Event Manage Page</title>
  </head>
  <body>
    <h1>Login Success!</h1>
  </body>
</html>
```

打开.../sign/views.py 文件，修改内容如下。

views.py

```
from django.shortcuts import render
from django.http import HttpResponse, HttpResponseRedirect

......
# 登录动作
def login_action(request):
    if request.method == 'POST':
        username = request.POST.get('username', '')
        password = request.POST.get('password', '')
        if username == 'admin' and password == 'admin123':
            return HttpResponseRedirect('/event_manage/')
        else:
            return render(request,'index.html', {'error': 'username or password
error!'})

# 发布会管理
def event_manage(request):
    return render(request,"event_manage.html")
```

此处又用到了一个新的类 HttpResponseRedirect，它可以对路径进行重定向，从而将登录成功之后的请求指向/event_manage/目录，即：http://127.0.0.1:8000/event_manage/。

创建 event_manage 函数，用于返回发布会管理页面 event_manage.html。

最后，不要忘记在../guest/urls.py 文件中添加 event_manage/的路由。

urls.py

```
……
from sign import views

urlpatterns = [
    ……
url(r'^event_manage/$', views.event_manage),
]
```

再来登录一下，试试修改后的功能吧！

3.2 Cookie 和 Session

接下来继续另外一个有意思的话题，在不考虑数据库验证的情况下，假如通过“admin”登录，然后，在登录成功页显示“嘿，admin 你好！”。这是一般系统都会提供的一个小功能，接下来我们将分别通过 Cookie 和 Session 来实现它。

Cookie 机制：Cookie 分发通过扩展 HTTP 协议来实现的，服务器通过在 HTTP 的响应头中加上一行特殊的指示来提示浏览器按照指示生成相应的 Cookie。然而纯粹的客户端脚本如 JavaScript 或者 VBScript 也可以生成 Cookie。而 Cookie 的使用则是由浏览器按照一定的原则在后台自动发送给服务器。浏览器检查所有存储的 Cookie，如果某个 Cookie 所声明的作用范围大于等于将要请求的资源所在的位置，则把该 Cookie 附在请求资源的 HTTP 请求头上发送给服务器。

Session 机制：Session 机制是一种服务器端的机制，服务器使用一种类似于散列表的结构（也可能就是使用散列表）来保存信息。

3.2.1 Cookie 的使用

继续修改.../sign/views.py 文件。

views.py

```
......
# 登录动作
def login_action(request):
    if request.method == 'POST':
        username = request.POST.get('username', '')
        password = request.POST.get('password', '')
        if username == 'admin' and password == 'admin123':
            response = HttpResponseRedirect('/event_manage/')
            response.set_cookie('user', username, 3600)   # 添加浏览器 cookie
            return response
        else:
            return render(request,'index.html', {'error': 'username or password
error!'})

# 发布会管理
def event_manage(request):
    username = request.COOKIES.get('user', '')  # 读取浏览器 cookie
    return render(request,"event_manage.html",{"user":username})
```

当用户登录成功后，在跳转到 event_manage 视图函数的过程中，通过 set_cookie()方法向浏览器中添加 Cookie 信息。

这里给 set_cookie()方法传了三个参数：第一个参数“user”用于表示写入浏览器的 Cookie 名，第二个参数 username 是由用户在登录页上输入的用户名（即“admin”），第三个参数 3600 用于设置 Cookie 信息在浏览器中的保持时间，默认单位为秒。

在 event_manage 视图函数中，通过 request.COOKIES 来读取 Cookie 名为“user”的值。并且通过 render 将它和 event_manage.html 页面一起返回。

修改.../templates/event_manage.html 页面，添加<div>标签来显示用户名。

event_manage.html

```
......
    <div style="float:right;">
        <a>嘿! {{ user }} 欢迎</a><hr/>
    </div>
......
```

重新登录，将会看到如图 3.6 所示的页面。

图 3.6　登录页显示 Cookie 里的用户名

通过 Firebug 工具查看浏览器里存放的 Cookie 信息，如图 3.7 所示。

Cookies· 过滤器· 默认（接受第三方 cookie）·

名称	内容	域	原始大小	路径	过期时间	仅 Http	安全
csrftoken	NyEFrxceP9yPI8g3cZI	127.0.0.1	41 B	/	2017/8/1 下午5:20:18		
user	admin	127.0.0.1	9 B	/	2016/8/2 下午6:20:33		

内容

admin

图 3.7　通过 Firebug 查看浏览 Cookie 信息

3.2.2　Session 的使用

Cookie 固然好，但存在一定的安全隐患。Cookie 像我们以前使用的存折，用户的存钱、取钱记录都会保存在这张存折上（即浏览器中会保存所有用户信息），而有非分想法的人可能会去修改存折上的数据（这个比喻忽略掉了银行服务器同样会记录用户存取款的信息）。

Session 相比要安全很多。Session 就像是银行卡，客户拿到的只是一个银行卡号（即浏览器只保留一个 Sessionid），用户的存钱、取钱记录是根据银行卡号保存在银行的系统里（即 Web 服务器端），只得到一个 Sessionid 并没有什么意义。

在 Django 中使用 Session 和 Cookie 类似。只需将 Cookie 的几步操作替换为 Session 操作即可。修改.../sign/views.py 文件。

views.py

```
……
# 登录动作
def login_action(request):
    if request.method == 'POST':
```

```
        username = request.POST.get('username', '')
        password = request.POST.get('password', '')
        if username == 'admin' and password == 'admin123':
            response = HttpResponseRedirect('/event_manage/')
            # response.set_cookie('user', username, 3600)   # 添加浏览器 cookie
            request.session['user'] = username    # 将 session 信息记录到浏览器
            return response
        else:
            return render(request,'index.html', {'error': 'username or password
error!'})

# 发布会管理
def event_manage(request):
    # username = request.COOKIES.get('user', '')  # 读取浏览器 cookie
    username = request.session.get('user', '')  # 读取浏览器 session
    return render(request,"event_manage.html",{"user":username})
```

再次尝试登录，不出意外的话将会得到一个错误：

“no such table: django_session”

这个错误跟 Session 的机制有关，既然要从 Web 服务器端来记录用户的信息，那么一定要有存放用户 sessionid 对应信息的地方才行。所以，我们需要创建 django_session 表。别着急！Django 已经帮我们准备好这些常用的表，只需将它们生成即可，是不是很贴心。

cmd.exe

```
\guest> python3 manage.py migrate
Operations to perform:
  Apply all migrations: admin, auth, contenttypes, sessions
Running migrations:
  Applying contenttypes.0001_initial... OK
  Applying auth.0001_initial... OK
  Applying admin.0001_initial... OK
  Applying admin.0002_logentry_remove_auto_add... OK
  Applying contenttypes.0002_remove_content_type_name... OK
  Applying auth.0002_alter_permission_name_max_length... OK
  Applying auth.0003_alter_user_email_max_length... OK
  Applying auth.0004_alter_user_username_opts... OK
  Applying auth.0005_alter_user_last_login_null... OK
```

```
  Applying auth.0006_require_contenttypes_0002... OK
  Applying auth.0007_alter_validators_add_error_messages... OK
  Applying auth.0008_alter_user_username_max_length... OK
  Applying sessions.0001_initial... OK
```

通过“migrate”命令进行数据迁移。等等！我们好像并没配置数据库啊，为什么已经生成了数据库表呢？这是因为 Django 已经默认设置 SQLite3 数据库。在.../settings.py 文件，查看 SQLite3 数据库的配置。

settings.py

```
……
# Database
# https://docs.djangoproject.com/en/1.10/ref/settings/#databases

DATABASES = {
    'default': {
        'ENGINE': 'django.db.backends.sqlite3',
        'NAME': os.path.join(BASE_DIR, 'db.sqlite3'),
    }
}
……
```

在 guest 项目的根目录下已经生成了一个 db.sqlite3 的数据库文件，关于数据的操作将会在第 4 章讨论。此时，先来验证 Session 功能是否生效，重新登录。如图 3.8 所示，通过 Firebug 查看 Sessionid。

图 3.8 查看浏览 Sessionid

3.3 Django 认证系统

到目前为止，虽然实现了登录功能，但用户登录信息的验证是有问题的，目前的做法只是简单地用 if 语句判断用户名和密码是否为“admin/admin123”，本节会使用 Django 的认证系统来实现真正的用户信息验证。

3.3.1 登录 Admin 后台

3.2 节在使用“migrate”命令进行数据迁移时，Django 同时也生成了 auth_user 表，该表中存放的用户信息可以用来登录 Django 自带的 Admin 管理后台。在此之前先来创建登录 Admin 后台的管理员账号。

cmd.exe

```
\guest> python3 manage.py createsuperuser
Username (leave blank to use 'fnngj'): admin  # 输入用户名
Email address: admin@mail.com      # 输入邮箱
Password:                          # 输入密码
Password (again):                  # 重复输入密码
Superuser created successfully.
```

创建的超级管理员账号/密码为：admin/admin123456。

Admin 管理后台登录地址：http://127.0.0.1:8000/admin/。

如图 3.9 和图 3.10 所示，通过创建的超级管理员账号登录 Admin 后台，单击“Add”链接添加新的用户，并用新创建的用户再次登录后台。尝试一下吧！相信你可以做到。

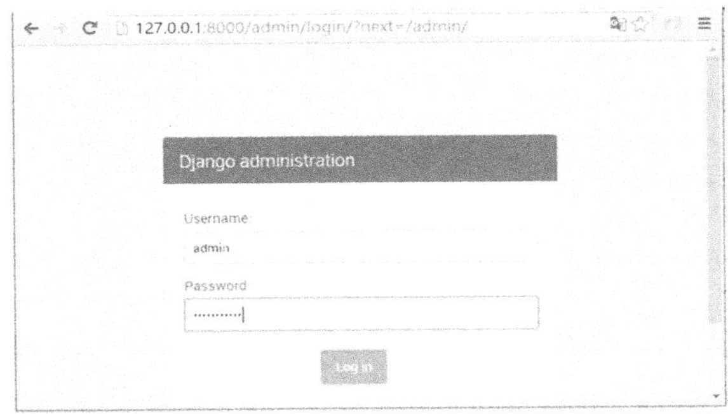

图 3.9　Admin 管理后台登录

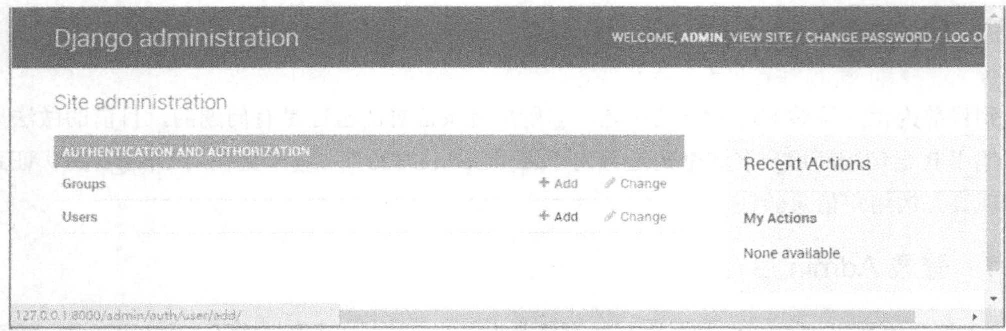

图 3.10 Admin 管理后台

3.3.2 引用 Django 认证登录

Django 已帮我们封装好了用户认证和登录的相关方法，只需拿来使用即可。并且，同样使用 auth_user 表中的数据进行验证，前面已经通过 Admin 后台向该表中添加了用户信息。

打开.../sign/views.py 文件，修改 login_action 函数。

views.py

```
……
from django.contrib import auth
……
def login_action(request):
    if request.method == 'POST':
        username = request.POST.get('username', '')
        password = request.POST.get('password', '')
        user = auth.authenticate(username=username, password=password)
        if user is not None:
            auth.login(request, user)  # 登录
            request.session['user'] = username  # 将 session 信息记录到浏览器
            response = HttpResponseRedirect('/event_manage/')
            return response
        else:
            return render(request,'index.html', {'error': 'username or password
error!'})
```

使用 authenticate()函数认证给出的用户名和密码。它接受两个参数：username 和 password，并且会在用户名密码正确的情况下返回一个 user 对象，否则 authenticate()返回 None。

通过 if 语句判断 authenticate()返回对象，如果不为 None，则说明用户认证通过，调用 login()函数进行登录。login()函数接收 HttpRequest 对象和一个 *user* 对象。

使用前面超级管理员账号（admin/admin123456），或者通过 Admin 管理后台创建用户账号来验证登录功能吧！

3.3.3　关上窗户

“上帝为你关上了一扇门，也一定会为你打开一扇窗”，我们为系统开发了一个需要用户认证的登录，然而，不需要通过登录也可以直接访问到登录成功的页面。

现在，尝试直接在浏览器中访问：http://127.0.0.1:8000/event_manage/

看！是不是直接打开了登录成功页，那么为什么还需要通过登录来访问这个页面呢？因此，我们需要把这些“窗户”都关上，使用户只能通过登录来访问。

再次感受一下 Django 的强大之处吧！一秒钟让你关好“窗户”。

views.py

```
……
from django.contrib.auth.decorators import login_required

……
# 发布会管理
@login_required
def event_manage(request):
    username = request.session.get('user', '')
    return render(request,"event_manage.html",{"user":username})
```

是的，就是这么简单，如果想限制某个视图函数必须登录才能访问，则只需在这个函数的前面加上@login_required 的装饰即可。

你可以再次尝试访问/event_manage/目录（不要忘记清理浏览器缓存再试！），看看还能否直接访问到。

如图 3.11 所示，Django 会告诉访问的页面不存在（Page not found 404）。

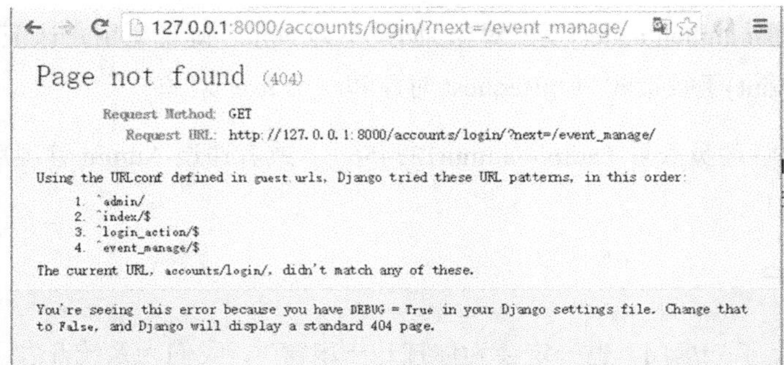

图 3.11 Page not found

如果你足够细心，就可以发现在访问被@login_required 装饰的视图时，默认跳转的 URL 中会包含"/accounts/login/"，为什么不让它直接跳转到登录页面呢？不仅要告诉用户窗户是关着的，还指引用户到门的位置登录，这样岂不是更好？

修改.../urls.py 文件，增加新的路径配置。

urls.py

```
……
from sign import views

urlpatterns = [
    url(r'^$', views.index),
    url(r'^index/$', views.index),
    url(r'^accounts/login/$', views.index),
    ……
]
```

此时，当用户访问：

```
http://127.0.0.1:8000/
http://127.0.0.1:8000/index/
http://127.0.0.1:8000/event_manage/
```

默认都会跳转到登录页面。但是，如果你访问的是其他不存在的路径，比如/abc/，则依然会显示如图 3.11 所示的页面。这个时候需要设置默认的 404 页面，我们会在项目部署一章来添加这个页面。

第4章

Django模型

在 Web 应用中，以数据库驱动的网站在后台连接数据库服务器时，会从中取出一些数据，然后在 Web 页面用漂亮的格式展示这些数据。这个网站也可能会向访问者提供修改数据库数据的方法。许多复杂的网站都提供了以上两个功能的某种结合。

对于我们的发布会签到系统来说，也是以数据管理为主的网站，主要管理发布会和嘉宾数据。有一个观点，对于数据驱动的 Web 系统，数据库表的设计完成，就相当于 Web 系统已经完成了一半，可见数据库表的设计难度以及在 Web 开发中的重要性。

4.1 设计系统表

Django 提供了完善的模型（model）层来创建和存取数据，它包含你所储存数据的必要字段和行为。通常，每个模型对应数据库中唯一的一张表。所以，模型避免了我们直接对数据库操作。

Django 模型基础知识：

◎ 每个模型是一个 Python 类，继承 django.db.models.Model 类。
◎ 该模型的每个属性表示一个数据库表字段。
◎ 所有这一切，已经给了你一个自动生成的数据库访问的 API。

打开.../sign/models.py 文件，通过模型完成表的创建。

models.py

```
from django.db import models

# Create your models here.
# 发布会表
class Event(models.Model):
    name = models.CharField(max_length=100)                      # 发布会标题
    limit = models.IntegerField()                                # 参加人数
    status = models.BooleanField()                               # 状态
    address = models.CharField(max_length=200)                   # 地址
    start_time = models.DateTimeField('events time')             # 发布会时间
    create_time = models.DateTimeField(auto_now=True)            # 创建时间(自动获取
# 当前时间)

    def __str__(self):
        return self.name

# 嘉宾表
class Guest(models.Model):
    event = models.ForeignKey(Event)                   # 关联发布会 id
    realname = models.CharField(max_length=64)         # 姓名
    phone = models.CharField(max_length=16)            # 手机号
    email = models.EmailField()                        # 邮箱
    sign = models.BooleanField()                       # 签到状态
create_time = models.DateTimeField(auto_now=True)      # 创建时间(自动获取当前时间)

class Meta:
        unique_together = ("event", "phone")

def __str__(self):
    return self.realname
```

对于产品发布会来说，它是一个事件。那么时间、地点、人物等要素必不可少。数据库表将会围绕这些要素设计。

发布会表（Event 类）和嘉宾表（Guest 类）的每一个字段在代码中已经做了注解。有些字段的设计需要作一下简单的说明。

首先，发布会表和嘉宾表中默认都会生成自增 id，但在创建模型类时不需要声明该字段。

其次，发布会表中增加 status 字段用于表示该发布会的状态是否开启，从而控制发布会是否可用。

再次，嘉宾表中通过 event 字段（表中字段名为 event_id）关联发布会 id，一条嘉宾信息一定属于某一场发布会。ForeignKey()用来创建外键。

最后，对于一场发布会来说，因为手机号具有很强的唯一性，因此一般会选择手机号作为一位嘉宾的唯一验证信息。在嘉宾表中，除了嘉宾 id 为主键外，这里通过发布会 id +手机号来作为联合主键。Meta 是 Django 模型类的一个内部类，它用于定义一些 Django 模型类的行为特性。unique_together 用于设置两个字段为联合主键。

__str__()方法告诉 Python 如何将对象以 str 的方式显示出来。所以，为每个模型类添加了__str__()方法。（如果读者使用的是 Python 2 的话，那么这里需要使用__unicode__()）。

Django 模型字段常用类型如表 4.1 所示。

表 4.1　Django 模型字段常用类型

类　型	说　明
AutoField	一个 IntegerField 类型的自动增量
BooleanField	用于存放布尔类型的数据（Ture 或 False）
CharField	用于存放字符型的数据，需要指定长度 max_length
DateField	日期类型，必须是“YYYY-MM-DD”格式
DateTimeField	日期时间类型，必须是"YYYY-MM-DD HH:MM[:ss[.uuuuuu]][TZ] "格式
DecimalField	小数型，用于存放小数的数字
EmailField	电子邮件类型
FilePathField	文件路径类型
FloatField	用于存放浮点型数据
IntegerField	integer 类型，数值范围从 -2147483648 到 2147483647
BigIntegerField	用于存放大的 integer 类型，最大数支持 9223372036854775807
GenericIPAddressField	存放 IP 地址的类型，IPv4 和 IPv6 地址，字符串格式
NullBooleanField	像 BooleanField 类型，但允许 NULL 作为选项之一
PositiveIntegerField	像 IntegerField 类型，但必须是正数或零，范围从 0 到 2147483647
PositiveSmallIntegerField	像 PositiveIntegerField 类型，范围从 0 到 32767
SlugField	Slug 是短标签，只包含字母、数字、下画线或字符。它通常在网址中使用。像 CharField 类型一样，需要定义 max_length 值
SmallIntegerField	像 IntegerField 类型，范围从-32768 到 32767

续表

类　　型	说　　明
TextField	用于存放文本类型的数据
TimeField	时间类型。"HH:MM[:ss[.uuuuuu]]" 格式
URLField	用于存放 URL 地址
BinaryField	存储原始二进制数据的字段

参考官方文档：https://docs.djangoproject.com/en/1.10/ref/models/fields/。

当模型创建好以后，执行数据库迁移。

cmd.exe

```
\guest> python3 manage.py makemigrations sign
Migrations for 'sign':
  sign\migrations\0001_initial.py:
    - Create model Event
    - Create model Guest
    - Alter unique_together for guest (1 constraint(s))

\guest> python3 manage.py migrate
Operations to perform:
  Apply all migrations: admin, auth, contenttypes, sessions, sign
Running migrations:
  Applying sign.0001_initial... OK
```

4.2 admin 后台管理

本书第 3.3.1 节，通过 Admin 后台管理用户/用户组非常方便。创建的发布会和嘉宾表同样可以通过 Admin 后台管理。

打开.../sign/admin.py 文件。

admin.py

```
from django.contrib import admin
from sign.models import Event, Guest

# Register your models here.
admin.site.register(Event)
admin.site.register(Guest)
```

这些代码通知 Admin 管理工具为这些模块逐一提供界面。

登录 admin 后台：http://127.0.0.1:8000/admin/（admin/admin123456）。

如图 4.1 所示，现在单击 Events 对应的“Add”添加一条发布会信息。

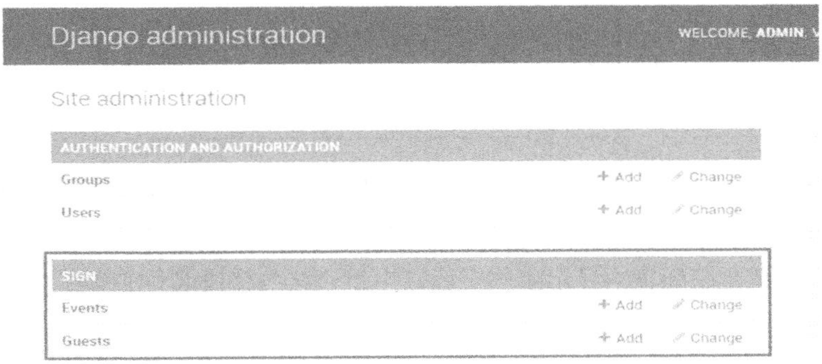

图 4.1　Admin 管理 Events 和 Guests 表

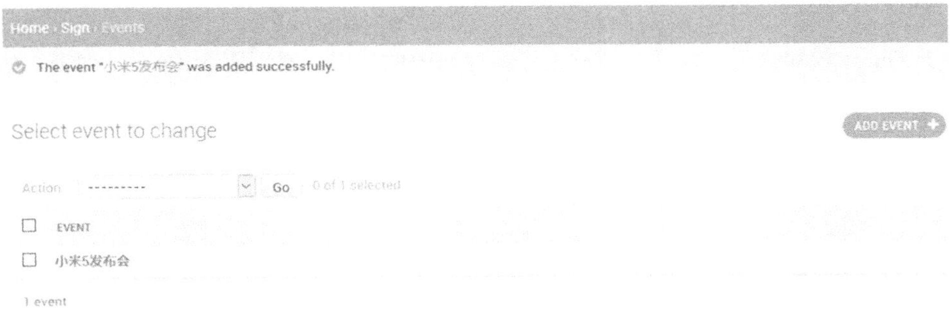

图 4.2　Event 列表

如图 4.2 所示，显示的是一条发布会信息，默认只有发布会名称，这与创建 model 时设置的__str__()方法有关，默认返回 self.name，即发布会名称。

如何才能显示表中的更多字段呢？继续修改.../sign/admin.py 文件。

admin.py

```
from django.contrib import admin
from sign.models import Event, Guest

# Register your models here.
```

```
class EventAdmin(admin.ModelAdmin):
    list_display = ['id', 'name', 'status', 'address', 'start_time']

class GuestAdmin(admin.ModelAdmin):
    list_display = ['realname', 'phone','email','sign','create_time','event']

admin.site.register(Event,EventAdmin)
admin.site.register(Guest,GuestAdmin)
```

Django 提供了大量选项让你针对特别的模块自定义管理工具。这些选项都在 ModelAdmin 类中，创建 EventAdmin 类 ModelAdmin。这里只自定义了一项：list_display，它是一个字段名称的数组，用于定义要在列表中显示哪些字段。当然，这些字段名称必须是模型中的 Event()类所定义的。

修改 admin.site.register()方法，添加 EventAdmin 类。你可以这样理解：用 EventAdmin 选项注册 Event 模块。

对于 Guest 模块来说，操作步骤同上。保存修改的代码，重新刷新 Events 列表，如图 4.3 所示。

图 4.3　Events 列表

添加一条嘉宾（Guest）信息，如图 4.4 所示。

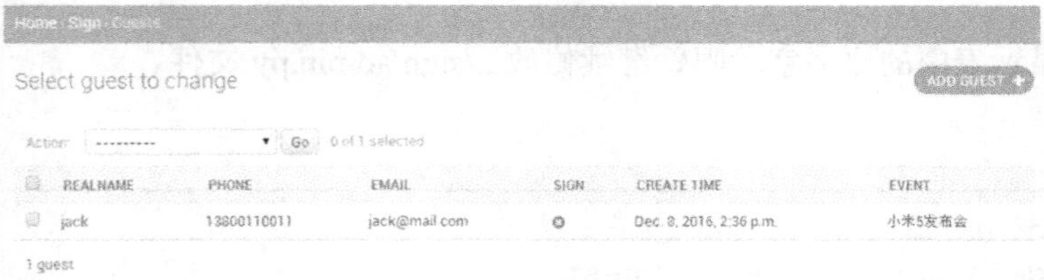

图 4.4　Guests 列表

除此之外，还可以快速地生成搜索栏和过滤器。重新打开.../sign/admin.py 文件，做如下修改。

admin.py

```
......
# Register your models here.
class EventAdmin(admin.ModelAdmin):
    list_display = ['name', 'status', 'start_time','id']
    search_fields = ['name']  #搜索栏
    list_filter = ['status']  #过滤器

class GuestAdmin(admin.ModelAdmin):
    list_display = ['realname', 'phone','email','sign','create_time','event']
    search_fields = ['realname','phone']  #搜索栏
    list_filter = ['sign']                #过滤器
......
```

search_fields 用于创建表字段的搜索器，可以设置搜索关键字匹配多个表字段。

list_filter 用于创建字段过滤器。

图 4.5 所示为 Events 列表的搜索栏和过滤器。

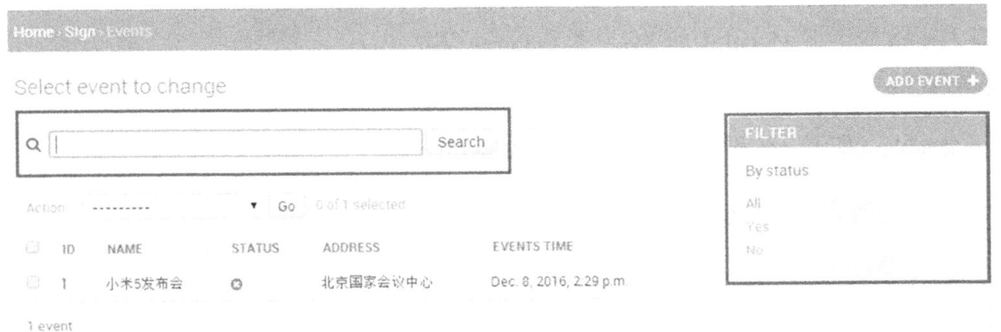

图 4.5　Events 列表的搜索栏与过滤器

4.3　基本数据访问

当需要操作数据库时，不再需要通过 SQL 语句，Django 自动为这些模型提供了高级的

Python API。接下来练习数据库表的操作，运行 manage.py 提供的 shell 命令。

cmd.exe

```
\guest> python3 manage.py shell
Python 3.5.2 (v3.5.2:4def2a2901a5, Jun 25 2016, 22:18:55) [MSC v.1900 64 bit
(AMD64)] on win32
Type "help", "copyright", "credits" or "license" for more information.
(InteractiveConsole)
>>>
```

该 shell 模式为 Django 特别定制，在该模式下可以操作 Django 模型。

cmd.exe

```
……
>>> from sign.models import Event, Guest
>>> Event.objects.all()
<QuerySet [<Event: 小米 5 发布会>]>

>>> Guest.objects.all()
<QuerySet [<Guest: jack>]>
```

```
from sign.models import Event, Guest
```

导入 sign 应用下 Model 中的 Event 类和 Guest 类。

```
table.objects.all()
```

获得 table（即 Event 和 Guest）中的所有对象。

4.3.1 插入数据

cmd.exe

```
>>> from datetime import datetime
>>> e1 = Event(id=2,name='红米 Pro 发布会',limit=2000,status=True,address='北京
水立方',start_time=datetime(2016,8
,10,14,0,0))
>>> e1.save()
C:\Python35\lib\site-packages\django\db\models\fields\__init__.py:1430:
RuntimeWarning: DateTimeField Event.sta
```

```
rt_time received a naive datetime (2016-08-10 14:00:00) while time zone support
is active.
  RuntimeWarning)
```

因为 start_time 字段需要设置日期时间，所以先导入 datetime.datetime()方法。当通过 save()方法保存插入的数据时，我们收到了一行警告信息："RuntimeWarning: DateTimeField Event.start_time received a naive datetime (2016-08-10 14:00:00) while time zone support is active."

这跟 UTC 有关，如果读者感兴趣可以自己搜索 UTC 是什么？这里选择忽略掉这个问题，最简单的方式就是在.../settings.py 文件中设置：USE_TZ = False。

修改 settings.py 文件并保存，需要执行"quit()"命令退出 shell 模式，并重新执行"python3 manage.py shell"进入，刚才的设置才会生效。再次执行插入数据的步骤，看看警告信息是不是不见了。

如果你觉得创建和保存分两步完成过于麻烦，也可以通过 **table**.objects.create()方法将两步合为一步，方法如下。

cmd.exe

```
……
>>> Event.objects.create(id=3,name='红米 MAX 发布会',limit=2000,status=True,
address='北京会展中心',start_time=datetime(2016,9,22,14,0,0))
<Event: 红米 MAX 发布会>
>>> Guest.objects.create(realname='andy',phone=13611001101,email=
'andy@mail.com',sign=False,event_id=3)
<Guest: andy>
```

需要说明的是，表的 id 字段已经设置了自增，所以创建表数据时可以不用指定 id 字段，但在创建嘉宾时数据时需要指定关联的发布会 id。Event 表指定 id=3，Guest 表指定 event_id=3，所以嘉宾"andy"对应的是"红米 MAX 发布会"。

4.3.2 查询数据

查询无疑是数据库表中使用频率最高的操作。

table.objects.get()方法用于从数据库表中取得一条匹配的结果，返回一个对象，如果记录不存在的话，那么它会报 DoesNotExist 类型错误。

通过 name='红米 MAX 发布会' 作为查询条件。

cmd.exe

```
……
>>> e1 = Event.objects.get(name='红米 MAX 发布会')
>>> e1
<Event: 红米 MAX 发布会>
>>> e1.address
'北京会展中心'
>>> e1.start_time
datetime.datetime(2016, 9, 22, 14, 0)
>>>
>>> Event.objects.get(name='红米 MAX 发布会').status
True
>>> Event.objects.get(name='红米 MAX 发布会').limit
2000
>>> Event.objects.get(name='发布会').address
Traceback (most recent call last):
  File "<console>", line 1, in <module>
  File "C:\Python35\lib\site-packages\django\db\models\manager.py", line 85,
in manager_method
    return getattr(self.get_queryset(), name)(*args, **kwargs)
  File "C:\Python35\lib\site-packages\django\db\models\query.py", line 385, in
get
    self.model._meta.object_name
sign.models.DoesNotExist: Event matching query does not exist.
```

因为 name='发布会' 并没有完全匹配到发布会名称，所以会抛出 DoesNotExist 异常。但更多的时候我们会使用模糊查询。

table.objects.filter()方法是从数据库取得匹配的结果，返回一个对象列表，如果记录不存在的话，它会返回空列表[]。

cmd.exe

```
……
>>> e2 = Event.objects.filter(name__contains='发布会')
>>> e2
<QuerySet [<Event: 小米 5 发布会>, <Event: 红米 Pro 发布会>, <Event: 红米 MAX 发布会>]>
```

name 为发布会的字段名，在 name 和 contains 之间用双下画线连接。这里 contains 部分会被 Django 翻译成 SQL 语句中的 LIKE 语句。

接下来通过嘉宾查询其关联的发布会信息。

cmd.exe

```
......
>>> g1 = Guest.objects.get(phone='13611001101')
>>> g1.event
<Event: 红米 MAX 发布会>
>>> g1.event.name
'红米 MAX 发布会'
>>> g1.event.address
'北京会展中心'
```

查询 phone='13611001101' 这位嘉宾所参加的发布会的名称和地址。

4.3.3　删除数据

查询 phone='13611001101' 的嘉宾，通过 delete()方法删除。

cmd.exe

```
......
>>> g2 = Guest.objects.get(phone='13611001101')
>>> g2.delete()
(1, {'sign.Guest': 1})

>>> Guest.objects.get(phone='13611001101').delete()
(1, {'sign.Guest': 1})
```

4.3.4　更新数据

查询 phone='13611001101' 的嘉宾，更新 realname='andy2' ，或者直接通过 update( )方法更新查询结果。

cmd.exe

```
……
>>> g3=Guest.objects.get(phone='13611001101')
>>> g3.realname='andy2'
>>> g3.save()

>>> Guest.objects.select_for_update().filter(phone='13611001101').update(
realname='andy')
1
```

4.4 SQLite 管理工具

可视化的 SQL 工具可以方便地管理数据库。接下来介绍两款常用的 SQLite 管理工具。

4.4.1 SQLite Manager

这里所介绍的 SQLite Manager 是一款基于 Firefox 浏览器的插件，它可以实现 SQLite3 数据库的可视化管理。

插件地址：https://addons.mozilla.org/en-US/firefox/addon/sqlite-manager/

安装方式非常简单。打开 Firefox 浏览器，单击菜单栏“工具”→“添加组件”，搜索“SQLiteManager”安装，并重新启动 Firefox 浏览器。在菜单栏“工具”下拉菜单中将会出现“SQLiteManager”选项，打开如图 4.6 所示。

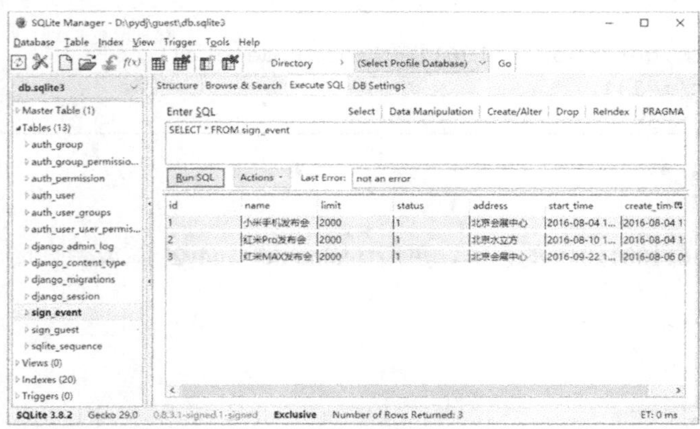

图 4.6　SQLiteManager

4.4.2　SQLiteStudio

SQLiteStudio 是一个跨平台的 SQLite 数据库的管理工具，采用 Tcl 语言开发。软件无须安装，下载后解压即可使用，并且支持中文，是管理 SQLite 数据库的常用软件之一，如图 4.7 所示。

下载地址：http://sqlitestudio.pl/

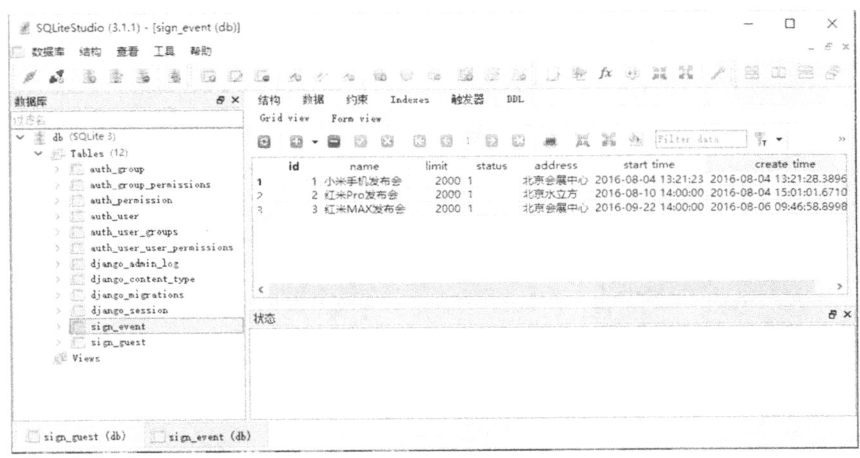

图 4.7　SQLiteStudio

4.5　配置 MySQL

Django 默认使用的数据库是 Python 自带的 SQLite3，SQLite3 数据库并不适用于大型的项目。除此之外，Django 还支持以下几种数据库：

◎　PostgreSQL (http://www.postgresql.org/)

◎　MySQL (http://www.mysql.com/)

◎　Oracle (http://www.oracle.com/)

本节以 MySQL 为例，介绍 MySQL 的安装以及在 Django 中的配置。

4.5.1　安装 MySQL

MySQL 下载地址：http://dev.mysql.com/downloads/mysql/。

如图 4.8 所示，根据提示进行安装，这里不再详细介绍每一步的安装过程，具体请参考其他 MySQL 安装手册。

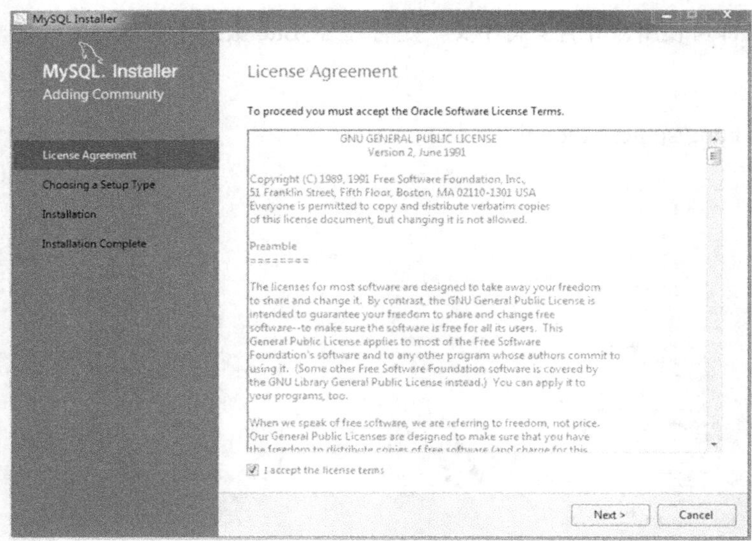

图 4.8 MySql 数据库安装

当 MySQL 安装完成后，在 Windows 命令提示符下进入 MySQL。

cmd.exe

```
> mysql -u root -p
Enter password: ******
Welcome to the MySQL monitor.  Commands end with ; or \g.
Your MySQL connection id is 1
Server version: 5.5.20-log MySQL Community Server (GPL)

Copyright (c) 2000, 2011, Oracle and/or its affiliates. All rights reserved.

Oracle is a registered trademark of Oracle Corporation and/or its
affiliates. Other names may be trademarks of their respective
owners.

Type 'help;' or '\h' for help. Type '\c' to clear the current input statement.

mysql>
```

登录的用户名为 root ，密码在安装 MySQL 的过程中设置，如果未设置，默认为空。

4.5.2　MySQL 基本操作

查看当前库与表。

cmd.exe

```
mysql> show databases;  #查看当前数据库下面的所有库
+--------------------+
| Database           |
+--------------------+
| information_schema |
| mysql              |
| performance_schema |
| test               |
+--------------------+
4 rows in set (0.00 sec)

mysql> use test;    # 切换到 test 库
Database changed

mysql> show tables;  # 查看 test 库下面的表
Empty set (0.00 sec)
```

查看 MySQL 端口号。

cmd.exe

```
mysql> show global variables like 'port';
+---------------+-------+
| Variable_name | Value |
+---------------+-------+
| port          | 3306  |
+---------------+-------+
1 row in set (0.00 sec)
```

创建数据库。

cmd.exe

```
mysql> CREATE DATABASE guest CHARACTER SET utf8;
Query OK, 1 row affected (0.00 sec)
```

创建 guest 库，用于我们开发的发布会签到项目。

4.5.3 安装 PyMySQL

这里遇到一个小小的分歧，如果你使用的是 Python 2 版本（不建议使用 Python 2），那么连接 MySQL 数据库时可以使用 MySQL-python。目前，Django 默认使用的也是 MySQL-python 来驱动 MySQL 数据库。但是，MySQL-python 只支持 Python 2 版本，并且在 2014 年 1 月之后就不再更新了，虽然这并不影响对 MySQL 数据库的使用。

下载地址：https://pypi.python.org/pypi/MySQL-python。

如果你和我一样使用 Python 3 开发 Django 项目，那么推荐使用 PyMySQL 驱动，它同时支持 Python2 和 Python3。

下载地址：https://pypi.python.org/pypi/PyMySQL

参考本书第 1.3 节，你可以选择自己喜欢的方式安装 PyMySQL。关于 PyMySQL 的使用，参考下面的例子。

mysql_demo.py

```
from pymysql import cursors, connect

# 连接数据库
conn = connect(host='127.0.0.1',
               user='root',
               password='123456',
               db='guest',
               charset='utf8mb4',
               cursorclass=cursors.DictCursor)

try:
    with conn.cursor() as cursor:
        # 创建嘉宾数据
```

```
        sql = 'INSERT INTO sign_guest (realname, phone, email, sign, event_id,
                create_time) VALUES
("tom",18800110002,"tom@mail.com",0,1,NOW());'
        cursor.execute(sql)
    # 提交事物
    conn.commit()

    with conn.cursor() as cursor:
        # 查询添加的嘉宾
        sql = "SELECT realname,phone,email,sign FROM sign_guest WHERE phone=%s"
        cursor.execute(sql, ('18800110002',))
        result = cursor.fetchone()
        print(result)
finally:
    conn.close()
```

- ◎ connect()：建立数据库连接。
- ◎ cursor()：获取数据库操作游标。
- ◎ execute()：执行 SQL 语句。
- ◎ commit()：提交数据库执行。
- ◎ close()：关闭数据库连接。

4.5.4 在 Django 中配置 MySQL

那么 Django 如何连接 MySQL 数据库呢？在.../guest/settings.py 文件中修改数据库配置就可以了。

cmd.exe

```
# Database
# https://docs.djangoproject.com/en/1.10/ref/settings/#databases


DATABASES = {
    'default': {
        'ENGINE': 'django.db.backends.mysql',
        'HOST': '127.0.0.1',
        'PORT': '3306',
        'NAME': 'guest',
```

```
        'USER': 'root',
        'PASSWORD': '123456',
        'OPTIONS': {
            'init_command': "SET sql_mode='STRICT_TRANS_TABLES'",
        },
    }
}
```

配置信息从上到下依次是驱动（ENGINE）、主机地址（HOST）、端口号（PORT）、数据库（NAME）、登录用户名（USER）和登录密码（PASSWORD）。

关于 sql_mode 的设置，请参考 Django 文档：

https://docs.djangoproject.com/en/1.10/ref/databases/#mysql-sql-mode

> **注意：** 切换了数据库后，之前 SQLite3 数据库里的数据并不能复制到 MySQL 数据库中，所以需要重新执行数据库同步，使数据模型重新在 MySQL 数据库中生成表。

cmd.exe

```
\guest> python3 manage.py migrate
Traceback (most recent call last):
  File "C:\Python35\lib\site-packages\django\db\backends\mysql\base.py", line
25, in <module>
    import MySQLdb as Database
ImportError: No module named 'MySQLdb'

......

  File "C:\Python35\lib\site-packages\django\db\backends\mysql\base.py", line
28, in <module>
    raise ImproperlyConfigured("Error loading MySQLdb module: %s" % e)
django.core.exceptions.ImproperlyConfigured: Error loading MySQLdb module: No
module named 'MySQLdb'
```

出错了！这是因为 Django 在连接 MySQL 数据库时默认使用的 MySQLdb 驱动，然而我们并没有安装 MySQLdb 驱动，前面已经说明它并不支持 Python 3，而现在使用的是 PyMySQL 驱动，如何让当前的 Django 通过 PyMySQL 来连接 MySQL 数据库呢？方法很简单。

打开.../guest/__init__.py 文件，该文件默认是一个空文件，添加如下配置：

__init__.py

```
import pymysql
pymysql.install_as_MySQLdb()
```

重新执行数据库同步。

cmd.exe

```
\guest> python3 manage.py migrate
Operations to perform:
  Apply all migrations: admin, auth, contenttypes, sessions, sign
Running migrations:
  Applying contenttypes.0001_initial... OK
  Applying auth.0001_initial... OK
  Applying admin.0001_initial... OK
  Applying admin.0002_logentry_remove_auto_add... OK
  Applying contenttypes.0002_remove_content_type_name... OK
  Applying auth.0002_alter_permission_name_max_length... OK
  Applying auth.0003_alter_user_email_max_length... OK
  Applying auth.0004_alter_user_username_opts... OK
  Applying auth.0005_alter_user_last_login_null... OK
  Applying auth.0006_require_contenttypes_0002... OK
  Applying auth.0007_alter_validators_add_error_messages... OK
  Applying auth.0008_alter_user_username_max_length... OK
  Applying sessions.0001_initial... OK
  Applying sign.0001_initial... OK
```

因为更换了数据库，所以 Admin 后台超级管理员账号（admin/admin123456）也需要重新创建。

cmd.exe

```
\guest> python3 manage.py createsuperuser
Username (leave blank to use 'fnngj'): admin
Email address: admin@mail.com
Password:
Password (again):
Superuser created successfully.
```

4.5.5 MySQL 管理工具

Navicat 是一个强大的 MySQL 数据库管理和开发工具，它也是最常用的 MySQL 数据库管理工具之一，如图 4.9 所示。

图 4.9 Navicat Lite 数据库管理工具

另外，再推荐一款我正在使用的 MySQL 数据库管理工具：SQLyog，如图 4.10 所示。

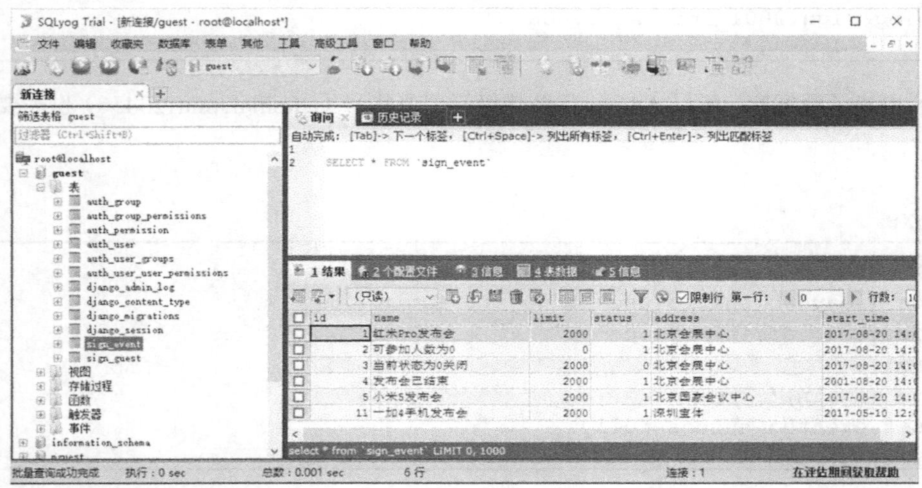

图 4.10 SQLyog 数据库管理工具

第 5 章

Django模板

回顾当前开发进度。系统登录功能已经开发完成，数据库表的设计也已经完成，那么，本章的重点将会放在前端页面的开发上。虽然使用Admin后台来管理发布会和嘉宾数据非常方便，然而，除了Django提供的功能外，再想扩展新的功能却非常困难，所以，我们需要重新开发发布会管理和嘉宾管理，以及签到等页面。

本章将会涉及不少前端代码，照着书来敲大段的代码是比较痛苦的事儿，所以，整个项目的代码早已放到了GitHub上面：https://github.com/defnngj/guest。

不过，千万不要盲目地复制粘贴，认真阅读本章，理解代码为什么要这样写。

5.1 Django-bootstrap3

本章将使用Bootstrap前端框架结合Django来开发Web页面。

什么是Bootstrap？

Bootstrap来自Twitter，是目前很受欢迎的前端框架。Bootstrap是基于HTML、CSS、JavaScript的，它简洁灵活，使得Web开发更加快捷。它由Twitter的设计师Mark Otto和Jacob Thornton合作开发，是一个CSS/HTML框架。Bootstrap提供了优雅的HTML和CSS规范，它由动态CSS语言Less写成。

Bootstrap中文网：http://www.bootcss.com/。

什么是Django-bootstrap3？

Django-bootstrap3项目是将Bootstrap3（3表示Bootstrap的版本号）集成到Django中，作

为 Django 的一个应用提供。好处是在 Django 中用 Bootstrap 会变得更加方便。

Django-bootstrap3 在 PyPI 仓库的地址：https://pypi.python.org/pypi/django-bootstrap3。

安装完成，在.../guest/settings.py 文件中添加“bootstrap3”应用。

settings.py

```
……
# Application definition

INSTALLED_APPS = [
    'django.contrib.admin',
    'django.contrib.auth',
    'django.contrib.contenttypes',
    'django.contrib.sessions',
    'django.contrib.messages',
    'django.contrib.staticfiles',
    'sign',
    'bootstrap3',
]
……
```

5.2 发布会管理

本节完成发布会管理列表与发布会名称搜索功能的开发。

5.2.1 发布会列表

继续回到视图层的开发中，打开.../sign/views.py 文件，修改 event_manage()视图函数。

views.py

```
……
from sign.models import Event

……
# 发布会管理
@login_required
def event_manage(request):
```

```
    event_list = Event.objects.all()
    username = request.session.get('user', '')
    return render(request,"event_manage.html",{"user": username,
                                                "events":event_list})
```

导入 Model 中的 Event 类，通过 Event.objects.all() 查询所有发布会对象（数据），并通过 render()方法附加在 event_manage.html 页面返回给客户端。

打开并编写.../templates/event_manage.html 页面。

event_manage.html

```
<html lang="zh-CN">
  <head>
    {% load bootstrap3 %}
    {% bootstrap_css %}
    {% bootstrap_javascript %}
    <title>Guest Manage</title>
  </head>

  <body role="document">
    <!-- 导航栏 -->
    <nav class="navbar navbar-inverse navbar-fixed-top">
      <div class="container">
        <div class="navbar-header">
          <a class="navbar-brand" href="/event_manage/">Guest Manage System</a>
        </div>
        <div id="navbar" class="collapse navbar-collapse">
          <ul class="nav navbar-nav">
            <li class="active"><a href="#">发布会</a></li>
            <li><a href="/guest_manage/">嘉宾</a></li>
          </ul>
          <ul class="nav navbar-nav navbar-right">
           <li><a href="#">{{user}}</a></li>
           <li><a href="/logout/">退出</a></li>
         </ul>
        </div>
      </div>
    </nav>
```

```
    <!-- 发布会列表 -->
    <div class="row" style="padding-top: 80px;">
      <div class="col-md-6">
        <table class="table table-striped">
          <thead>
            <tr>
              <th>id</th><th>名称</th><th>状态</th><th>地址</th><th>时间</th>
            </tr>
          </thead>
          <tbody>
            {% for event in events %}
              <tr>
                <td>{{ event.id }}</td>
                <td>{{ event.name }}</td>
                <td>{{ event.status }}</td>
                <td>{{ event.address }}</td>
                <td>{{ event.start_time }}</td>
              </tr>
           {% endfor %}
          </tbody>
        </table>
      </div>
    </div>

  </body>
</html>
```

接下来分段解析页面中的代码。

```
{% load bootstrap3 %}
{% bootstrap_css %}
{% bootstrap_javascript %}
```

加载 bootstrap3 应用、CSS 和 JavaScript 文件。{%　%} 为 Django 模板语言的标签。

```
<title>Guest Manage</title>
```

设置页面标题为 Guest Manage。

```
<li class="active"><a href="#">发布会</a></li>
<li><a href="/guest_manage/">嘉宾</a></li>
```

设置页面导航栏，class="active" 表示当前菜单处于选中状态。href="/guest_manage/" 用于跳转到嘉宾管理页，稍后开发该页面。

```
<li><a href="#">{{ user }}</a></li>
<li><a href="/logout/">退出</a></li>
```

{{ }}为 Django 的模板语言标签，用于定义显示变量。user 为客户端获取的浏览器 sessionid 对应的登录用户名。href="/logout/" 定义退出路径，稍后开发该功能：

```
<div class="row" style="padding-top: 80px;">
```

在 style 属性中，padding-top 用于设置元素的上内边距，如果不设置该属性，那么发布会列表可能会被导航栏遮挡

```
{% for event in events %}
  <tr>
    <td>{{ event.id }}</td>
    <td>{{ event.name }}</td>
    <td>{{ event.status }}</td>
    <td>{{ event.address }}</td>
   <td>{{ event.start_time }}</td>
  </tr>
{% endfor %}
```

通过 Django 模板语言，循环打印发布的 id、name、status、address 和 start_time 等字段。Django 模板语言与 Python 语言并非完全一样。for 循环语句需要有对应的 endfor 来表示语句的结束；同样，if 分支语句也需要有 endif 来表示语句的结束。

如图 5.1 所示，发布会管理页面使用 Django-bootstrap3 可以轻松地开发出漂亮的网页。

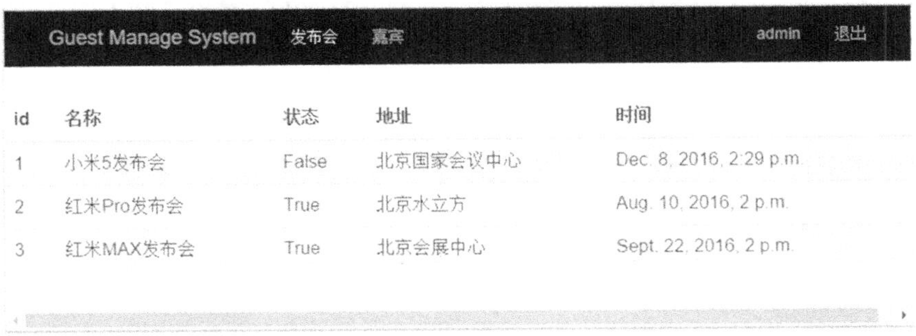

Guest Manage System 发布会 嘉宾 admin 退出

id	名称	状态	地址	时间
1	小米5发布会	False	北京国家会议中心	Dec. 8, 2016, 2:29 p.m.
2	红米Pro发布会	True	北京水立方	Aug. 10, 2016, 2 p.m.
3	红米MAX发布会	True	北京会展中心	Sept. 22, 2016, 2 p.m.

图 5.1 发布会管理页面

5.2.2 搜索功能

对于列表管理来说，搜索功能必不可少，下面就来开发针对发布会名称的搜索功能。

这一次，先在.../templates/event_manage.html 文件中添加搜索表单。

event_manage.html

```
……
  <!-- 导航栏 -->
  ……

  <!--发布会搜索表单-->
   <div class="page-header" style="padding-top: 60px;">
     <div id="navbar" class="navbar-collapse collapse">
       <form class="navbar-form" method="get" action="/search_name/">
         <div class="form-group">
           <input name="name" type="text" placeholder="名称"
class="form-control">
         </div>
         <button type="submit" class="btn btn-success">搜索</button>
       </form>
     </div>
</div>

<!-- 发布会列表 -->
<div class="row">
    ……
```

查询表单和登录表单一样，所以这里不再作过多介绍。需要注意以下几个地方，method="get" 为 HTTP 请求方式；action="/search_name/" 搜索请求路径；name="name" 搜索输入框的 name 属性值。

在.../guest/urls.py 文件中添加搜索路径的路由。

urls.py

```
……
from sign import views
```

```
urlpatterns = [
    ......
url(r'^search_name/$', views.search_name),
]
```

打开.../sign/views.py 文件，创建 search_name()视图函数。

views.py

```
......
# 发布会名称搜索
@login_required
def search_name(request):
    username = request.session.get('user', '')
    search_name = request.GET.get("name", "")
    event_list = Event.objects.filter(name__contains=search_name)
    return render(request, "event_manage.html", {"user": username,
                                                  "events": event_list})
```

通过 GET 方法接收搜索关键字，并通过模糊查询，匹配发布会 name 字段，然后把匹配到的发布会列表返回给客户端。查询功能如图 5.2 所示。

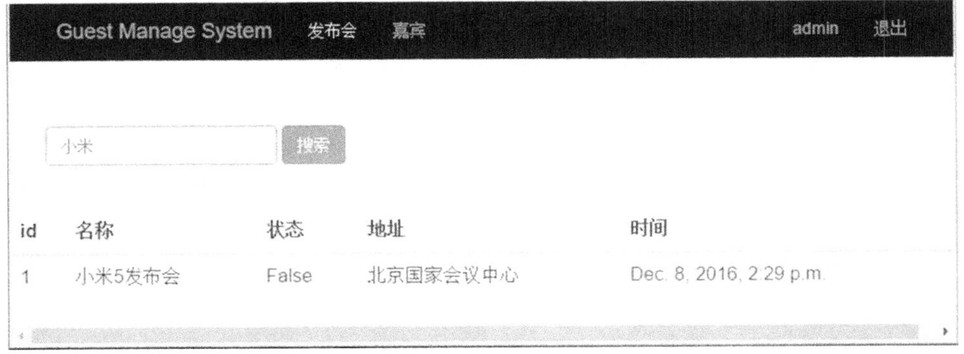

图 5.2　发布会名称查询

5.3　嘉宾管理

嘉宾管理页面的开发与发布会管理页面基本相同，下面一起来完成这个页面吧！

5.3.1 嘉宾列表

新建.../templates/guest_manage.html 页面。

guest_manage.html

```
<html lang="zh-CN">
  <head>
    {% load bootstrap3 %}
    {% bootstrap_css %}
    {% bootstrap_javascript %}
    <title>Guest Manage</title>
  </head>

  <body>
    <!-- 导航栏 -->
    <nav class="navbar navbar-inverse navbar-fixed-top">
      <div class="container">
        <div class="navbar-header">
          <a class="navbar-brand" href="/event_manage/">Guest Manage System</a>
        </div>
        <div id="navbar" class="collapse navbar-collapse">
          <ul class="nav navbar-nav">
            <li><a href="/event_manage/">发布会</a></li>
            <li class="active"><a href="#">嘉宾</a></li>
          </ul>
          <ul class="nav navbar-nav navbar-right">
           <li><a href="#">{{user}}</a></li>
           <li><a href="/logout/">退出</a></li>
         </ul>
        </div>
      </div>
    </nav>

    <!-- 嘉宾列表 -->
    <div class="row" style="padding-top: 80px;">
      <div class="col-md-6">
        <table class="table table-striped">
          <thead>
            <tr>
              <th>id</th><th>名称</th><th>手机</th><th>Email</th><th>签到</th>
              <th>发布会</th>
```

```
          </tr>
        </thead>
        <tbody>
          {% for guest in guests %}
            <tr>
              <td>{{ guest.id }}</td>
              <td>{{ guest.realname }}</td>
              <td>{{ guest.phone }}</td>
              <td>{{ guest.email }}</td>
              <td>{{ guest.sign }}</td>
              <td>{{ guest.event }}</td>
            </tr>
         {% endfor %}
        </tbody>
      </table>
    </div>
  </div>

 </body>
</html>
```

与 evevt_manage.html 页面结构基本相同。不过依然需要注意两个地方：

```
<title>Guest Manage</title>
```

页面标题为 Guest Mange。

```
<li><a href="/event_manage/">发布会</a></li>
<li class="active"><a href="#">嘉宾</a></li>
```

当前处理嘉宾管理页面，所以设置嘉宾菜单处于选中状态（class="active"）。为发布菜单设置跳转路径（href="/event_manage/"）。

```
{% for guest in guests %}
  <tr>
    <td>{{ guest.id }}</td>
    <td>{{ guest.realname }}</td>
    <td>{{ guest.phone }}</td>
    <td>{{ guest.email }}</td>
    <td>{{ guest.sign }}</td>
    <td>{{ guest.event }}</td>
  </tr>
{% endfor %}
```

通过 Django 模板语言的 for 语句循环读取嘉宾列表，并显示 id、realname、phone、email、sign、event 等字段。

在.../guest/urls.py 文件中添加嘉宾路径的路由。

urls.py

```
……
from sign import views

urlpatterns = [
    ……
    url(r'^guest_manage/$', views.guest_manage),
]
```

打开.../sign/views.py 文件，创建 guest_manage()视图函数。

views.py

```
……
from sign.models import Event, Guest

……
# 嘉宾管理
@login_required
def guest_manage(request):
    username = request.session.get('user', '')
    guest_list = Guest.objects.all()
    return render(request, "guest_manage.html", {"user": username,
                                                  "guests": guest_list})
```

导入 Model 中的 Guest 类，通过 Guest.objects.all() 查询所有嘉宾对象（数据），并通过 render() 方法附加在 guest_manage.html 页面，并返回给客户端。

嘉宾管理页面如图 5.3 所示。

Guest Manage System　发布会　嘉宾　　admin　退出

id	名称	手机	Email	签到	发布会
1	jack	13800110011	jack@mail.com	False	小米5发布会
3	andy	13611001101	andy@mail.com	False	红米MAX发布会
4	tom	13611001102	tom@mail.com	False	红米MAX发布会
5	una	13611001103	una@mail.com	False	红米MAX发布会
6	tony	13611001104	tony@mail.com	False	红米MAX发布会

图 5.3　嘉宾管理页面

关于嘉宾管理页面的搜索功能，这里不再介绍。读者可参考发布会管理页面上的搜索功能自行完成。

5.3.2　分页器

对于嘉宾管理页面来说，当前需要一个分页功能，一场发布会需要由几千位嘉宾参加，如果将所有的嘉宾信息不做分页地显示在页面上，不仅页面的加载速度会受到严重影响，而且页面一次显示几千条甚至几万条数据并不方便查看。

Django 提供了 Paginator 类来实现分类功能。分页功能略为复杂，首先进入 Django 的 shell 模式，练习 Paginator 类的基本使用，请在嘉宾表至少添加 5 条嘉宾信息，以便做接下来的练习。

cmd.exe

```
\guest> python3 manage.py shell
Python 3.5.2 (v3.5.2:4def2a2901a5, Jun 25 2016, 22:18:55) [MSC v.1900 64 bit
(AMD64)] on win32
Type "help", "copyright", "credits" or "license" for more information.
(InteractiveConsole)

>>> from django.core.paginator import Paginator  # 导入 Paginator 类
>>> from sign.models import Guest                # Guest 下的所有表
>>> guest_list = Guest.objects.all()             # 查询 Guest 表的所有数据
>>> p = Paginator(guest_list,2)                  # 创建每页 2 条数据的分页器
>>> p.count        # 查看共多少条数据
5
```

```
>>> p.page_range   #查看共分多少页（每页 2 条数据），循环结果为 1, 2, 3（共 3 页）
range(1, 4)
>>>

##########第一页#############
>>> page1 = p.page(1)     # 获取第 1 页数据
>>> page1                 # 当前第几页
<Page 1 of 3>
>>> page1.object_list     # 当前页的对象
<QuerySet [<Guest: jack>, <Guest: andy>]>
>>> for g in page1:       # 循环打印第 1 页嘉宾的 realname
...     g.realname
...
'jack'
'andy'

##########第二页#############
>>> page2 = p.page(2)        # 获取第 2 页数据
>>> page2.start_index()      # 本页第一条数据
3
>>> page2.end_index()        # 本页最后一条数据
4
>>> page2.has_previous()     # 是否有上一页
True
>>> page2.has_next()         # 是否有下一页
True
>>> page2.previous_page_number()  # 上一页是第几页
1
>>> page2.next_page_number()      # 下一页是第几页
3
>>>

##########第三页#############
>>> page3 = p.page(3)        # 获取第 3 页数据
>>> page3.has_next()         # 是否有下一页
False
>>> page3.has_previous()     # 是否有上一页
True
>>> page3.has_other_pages()       # 是否有其他页
True
>>> page3.previous_page_number()  # 前一页是第几页
2
```

相信你现在已经学会了 Paginator 类的基本操作，下面就来实现分页面吧！

打开.../sign/views.py 文件，修改 guest_manage()视图函数。

views.py

```
……
from django.core.paginator import Paginator, EmptyPage, PageNotAnInteger

……
# 嘉宾管理
@login_required
def guest_manage(request):
    username = request.session.get('user', '')
    guest_list = Guest.objects.all()
    paginator = Paginator(guest_list, 2)
    page = request.GET.get('page')
    try:
        contacts = paginator.page(page)
    except PageNotAnInteger:
        # 如果 page 不是整数，取第一页面数据
        contacts = paginator.page(1)
    except EmptyPage:
        # 如果 page 不在范围，取最后一页面
        contacts = paginator.page(paginator.num_pages)
    return render(request, "guest_manage.html", {"user": username,
                                                  "guests": contacts})
```

```
paginator = Paginator(guest_list, 2)
```

把查询出来的所有嘉宾列表 guest_list 放到 Paginator 类中，划分每页显示 2 条数据。一般情况下，一页会显示 10 条数据，由于我们的测试数据较少，所以这里划分为每页 2 条。

```
page = request.GET.get('page')
```

通过 GET 请求得到当前要显示第几页的数据。

```
contacts = paginator.page(page)
```

获取第 page 页的数据。如果没有第 page 页，抛出 PageNotAnInteger 异常，返回第一页的数据。如果超出页数范围，则抛 EmptyPage 异常，返回最后一页的数据。

最后，将得到的某一页数据返回至嘉宾管理页面上。

在.../templates/guest_manage.html 文件中添加分页器的代码。

guest_manage.html

```
……

    <!-- 嘉宾列表 -->
      ……

    <!-- 列表分页器 -->
    <div class="pagination">
      <span class="step-links">
        {% if guests.has_previous %}
          <a href="?page={{ guests.previous_page_number }}">previous</a>
        {% endif %}
          <span class="current">
            Page {{ guests.number }} of {{ guests.paginator.num_pages }}.
          </span>
        {% if guests.has_next %}
          <a href="?page={{ guests.next_page_number }}">next</a>
        {% endif %}
      </span>
    </div>
……
```

嘉宾管理分页功能如图 5.4 所示。

图 5.4　嘉宾管理分页功能

最后，如果读者开发了嘉宾搜索功能，那么同样需要在搜索视图中添加分页功能。

5.4 签到功能

对于发布会签到系统来说，最重要的功能就是签到，而发布会管理功能和嘉宾管理功能，都要服务于签到功能。

5.4.1 添加签到链接

对于签到功能页面来说，它应该所属于某一场发布会。在打开签到页面之前，我们应该知道这是属于哪一场发布会的签到。所以，最好的方式是在发布列表中，给每一条发布会都提供一个“签到”链接，用来打开对应的签到页面。

在.../templates/event_manage.html 页面，增加一列签到链接。

event_manage.html

```
......

<!-- 发布会列表 -->
 ......
  <thead>
    <tr>
     <th>id</th><th>名称</th><th>状态</th><th>地址</th><th>时间</th><th>签到
</th>
    </tr>
  </thead>
  <tbody>
   {% for event in events %}
    <tr>
      <td>{{ event.id }}</td>
      <td>{{ event.name }}</td>
      <td>{{ event.status }}</td>
      <td>{{ event.address }}</td>
      <td>{{ event.start_time }}</td>
      <td>
        <a href="/sign_index/{{ event.id }}/" target="{{ event.id }}_blank">
        sign</a>
      </td>
    </tr>
    {% endfor %}
```

```
  </tbody>
......
```

如图 5.5 所示，发布会管理列表多了一列签到链接。

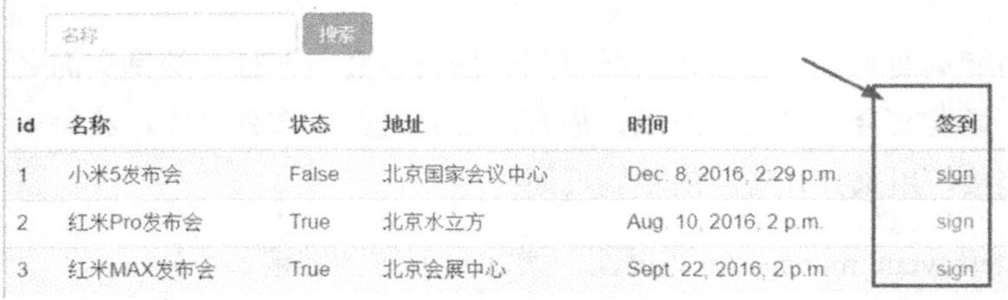

id	名称	状态	地址	时间	签到
1	小米5发布会	False	北京国家会议中心	Dec. 8, 2016, 2:29 p.m.	sign
2	红米Pro发布会	True	北京水立方	Aug. 10, 2016, 2 p.m.	sign
3	红米MAX发布会	True	北京会展中心	Sept. 22, 2016, 2 p.m.	sign

图 5.5 签到链接

当单击“sign”链接时，路径会默认跳转到“/sign_index/{{ event.id }}/”路径。其中，{{ event.id }} 为发布会的 id。target="{{ event.id }}_blank" 属性设置链接在新窗口打开。

在.../guest/urls.py 文件中添加签到页面路径的路由。

urls.py

```
......
from sign import views

urlpatterns = [
    ......
    url(r'^sign_index/(?P<eid>[0-9]+)/$', views.sign_index),
]
```

此处与之前添加的路径在匹配方式上略有不同。

(?P<eid>[0-9]+) 匹配发布会 id，而且必须为数字。匹配的数字 eid 将会作为 sign_index()视图函数的参数。

5.4.2 签到页面

打开.../sign/views.py 文件，创建 sign_index()视图函数。

views.py

```
from django.shortcuts import render, get_object_or_404

……
# 签到页面
@login_required
def sign_index(request, eid):
    event = get_object_or_404(Event, id=eid)
    return render(request, 'sign_index.html', {'event': event})
```

sigin_index()函数获取从 URL 配置得到的 eid，作为发布会 id 的查询条件。

这里又学到一个很有用的方法：get_object_or_404()，它默认调用 Django 的 **table**.objects. get()方法，如果查询的对象不存在，则会抛出一个 Http404 异常。这就省去了对 **table**.objects. get()方法的异常断言。

创建.../templates/sign_index.html 签到页面。

sign_index.html

```
……

    <!-- 导航栏 -->
    <nav class="navbar navbar-inverse navbar-fixed-top">
      <div class="container">
        <div class="navbar-header">
          <a class="navbar-brand" href="#">{{ event.name }}</a>
        </div>
        <div id="navbar" class="collapse navbar-collapse">
          <ul class="nav navbar-nav">
            <li><a href="/event_manage/">发布会</a></li>
            <li><a href="/guest_manage/">嘉宾</a></li>
          </ul>
        </div>
      </div>
    </nav>

    <!-- 签到功能 -->
    <div class="page-header" style="padding-top: 80px;">
      <div id="navbar" class="navbar-collapse collapse">
```

```
        <form class="navbar-form" method="post"
              action="/sign_index_action/{{ event.id }}/">
          <div class="form-group">
            <input name="phone" type="text" placeholder="输入手机号"
                   class="form-control">
          </div>
          <button type="submit" class="btn btn-success">签到</button>
          <font color="red">
            <br>{{ hint }}
            <br>{{ guest.realname }}
            <br>{{ guest.phone }}
          </font>
        </form>
      </div>
    </div>
……
```

```
<a class="navbar-brand" href="#">{{ event.name }}</a>
```

将页面标题设置为发布会名称。

```
<li><a href="/event_manage/">发布会</a></li>
<li><a href="/guest_manage/">嘉宾</a></li>
```

设置发布会与嘉宾导航链接。

```
<form class="navbar-form" method="post"
    action="/sign_index_action/{{ event.id }}/">
```

签到表单通过 POST 请求将签到手机号提交到/sign_index_action/{{ event.id }}/路径，{{ event.id }}为替换为具体的发布会 id。

```
<font color="red">
   <br>{{ hint }}
   <br>{{ guest.realname }}
   <br>{{ guest.phone }}
 </font>
```

{{ hint }} 用于显示签到成功和失败的提示信息；当签到成功时，{{ guest.realname }}和{{ guest.phone }}将显示嘉宾的姓名和手机号。

嘉宾签到页面如图 5.6 所示。

图 5.6 嘉宾签到页面

5.4.3 签到动作

签到功能并未开发完成，当用户在签到页面输入手机号，单击“签到”按钮后，/sign_index_action/{{ event.id }}/路径要如如何处理？

打开.../guest/urls.py 文件，添加签到动作路径的路由。

urls.py

```
……
from sign import views

urlpatterns = [
    ……
url(r'^sign_index_action/(?P<eid>[0-9]+)/$', views.sign_index_action),
]
```

打开.../sign/views.py 文件，创建 sign_index_action()视图函数。

views.py

```
……
# 签到动作
@login_required
def sign_index_action(request,eid):
    event = get_object_or_404(Event, id=eid)
    phone =  request.POST.get('phone','')
    print(phone)
```

```
    result = Guest.objects.filter(phone=phone)
    if not result:
        return render(request, 'sign_index.html', {'event': event,
                                                    'hint': 'phone error.'})

    result = Guest.objects.filter(phone=phone, event_id=eid)
    if not result:
        return render(request, 'sign_index.html', {'event': event,
                                                'hint': 'event id or phone
error.'})

    result = Guest.objects.get(phone=phone, event_id=eid)
    if result.sign:
        return render(request, 'sign_index.html', {'event': event,
                                                   'hint': "user has sign in."})
    else:
        Guest.objects.filter(phone=phone,event_id=eid).update(sign='1')
        return render(request, 'sign_index.html', {'event': event,
                                                    'hint':'sign in success!',
                                                    'guest': result})
```

对于发布会的签到功能的验证，分别作了以下条件的判断：

```
result = Guest.objects.filter(phone=phone)
```

查询手机号在 Guest 表中是否存在，如果不存在则提示用户“phone error.”。

```
result = Guest.objects.filter(phone=phone, event_id=eid)
```

通过手机和发布会 id 两个条件来查询 Guest 表，如果结果为空，则说明手号与发布会不匹配，将提示用户“event id or phone error.”。

```
result = Guest.objects.get(phone=phone, event_id=eid)
if result.sign:
    ......
else:
    Guest.objects.filter(phone=phone,event_id=eid).update(sign='1')
    ......
```

判断嘉宾的签到状态是否为 True（1），如果为 True，则表示嘉宾已经签过到了，将提示用户“user has sign in.”。否则，说明嘉宾未签到，修改签到状态为 1（已签到），提示用户“sign in success!”，并且显示嘉宾的姓名和手机号。

如图 5.7 所示，嘉宾签到成功。

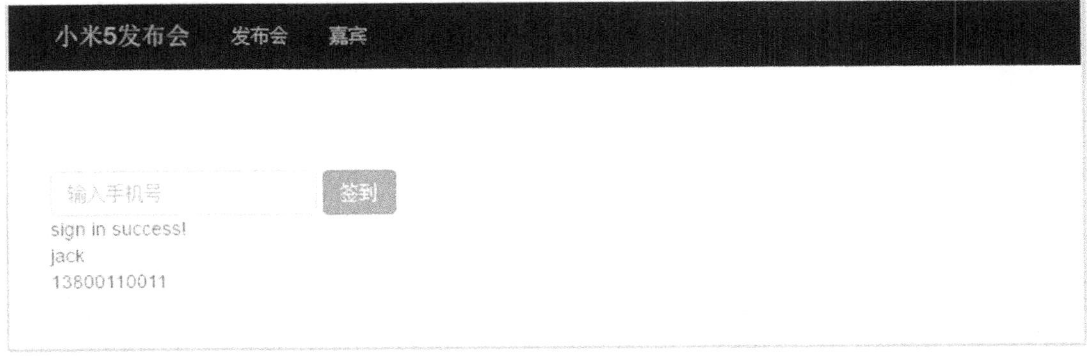

图 5.7　签到成功

关于签到功能，最后再留一个小作业，想一想如何将当前发布的嘉宾数和已签到数显示在签到页面上。签到嘉宾数固定，每成功签到一位嘉宾，就将签到数加 1，这样我们就可以实时知道当前发布会还有多少嘉宾未签到了。

5.5　退出系统

在发布会管理页面和嘉宾管理页面的右上角都有“退出”按钮，但我们并没有实现退出功能。现在是时候填补它了。

打开.../urls.py 文件，添加退出路径的路由。

urls.py

```
......
from sign import views

urlpatterns = [
    ......
    url(r'^logout/$', views.logout),
]
```

打开.../sign/views.py 文件，创建 logout()视图函数。

views.py

```
……
# 退出登录
@login_required
def logout(request):
    auth.logout(request)    #退出登录
    response = HttpResponseRedirect('/index/')
    return response
```

Django 不但提供了 auth.login()方法用于验证登录用户信息，同时也提供了 auth.logout()方法用于系统的退出，它可以清除浏览器保存的用户信息，所以，不用再考虑如何删除浏览器 cookie 的问题了。

当退出成功后默认跳转到/index/路径，即用户登录页面。

关于发布会签到系统页面的开发到此为止，但是，还有许多功能需要进一步完善，比如登录页面，需要增加样式；发布会与嘉宾的添加、修改，批量导入发布会与嘉宾数据等功能；以及签到页面，虽然功能已经实现了，但签到页的设计风格要与发布会的主题相匹配。如果你想让该系统用于实际生产中，这些都是接下来需要考虑的问题。

第6章

Django测试

单元测试在软件开发过程中是必不可少的一环，然而我们常常会找到各种理由来避开这项工作，下面就一起来看看单元测试所带来的好处。

◎ 当编写新代码的时候，你可以使用测试来验证你的代码是否像预期一样工作。

◎ 当重构或者修改旧代码的时候，你可以使用测试来确保你的修改不会影响到应用的运行。

测试 Web 应用是个复杂的任务，因为 Web 应用由很多的逻辑层组成：从 HTTP 层面的请求处理，到表单验证和处理，再到模板渲染。使用 Django 框架所提供的测试模块，你可以模拟请求，插入测试数据，检查你的应用的输出，从而检查你的代码是否做了它应该做的事情。

6.1 unittest 单元测试框架

Django 默认使用 Python 的标准库 unittest 编写测试用例。在学习 Django 单元测试之前，我们有必要先学习一下 unittest 单元测试框架的基本使用。

6.1.1 单元测试框架

关于单元测试，首先澄清两点误区：

误区 1：不用单元测试框架一样可以编写单元测试，单元测试本质上就是通过一段代码去测试另外一段代码。

误区 2：单元测试框架不仅可以用于程序单元级别的测试，同样可以用于 UI 自动化测试、接口自动化测试，以及移动 APP 自动化测试等。

要想解释误区 2，必须要知道单元测试框架提供了什么功能：

提供用例编写规范与执行：当编写的测试用例达到成百上千条时，首先要解决用例的规范化问题，每个人都有编写代码的习惯，单元测试框架提供了统一的用例编写规范。

其次是用例灵活的批量执行问题，可以灵活地指定不同级别的测试，如针对一个测试方法（用例）、一个测试类、一个测试文件，或者一个测试目录等不同级别的测试。

提供专业的比较方法：不管是功能测试，还是单元测试，在用例执行到最后都需要将实际结果与预期结果进行比较，这个比较过程在单元测试中称之为“断言”，从而判断用例能否测试通过。所以，作为单元测试框架一般也会提供丰富的断言方法。例如，断言相等/不相等、包含/不包含、True/False 等。

提供丰富的测试日志：提供测试用例的执行日志也是单元测试框架必须具备的功能之一，当测试用例执行失败时抛出明确的失败信息，当测试用例执行完成后提供执行结果信息。例如，统计失败用例数、成功用例数和执行时间等。

从单元测试框架所提供的几点功能来看，它可以帮助我们完成不同级别测试的自动化：

◎ 单元测试：unittest
◎ HTTP 接口自动化测试：unittest + Requests
◎ Web UI 自动化测试：unittest + Selenium
◎ 移动自动化测试：unittest + Appium

Requests 是 Python 语言中用于实现 HTTP 接口调用的库。Selenium 用于实现 Web 页面的各种操作，支持多种编程语言，其中包括 Python 语言。而 Appium 是一款当前非常流行的移动端测试工具，同样支持 Python 语言。

6.1.2 编写单元测试用例

开发一个简单的计算器，用于计算两个数的加、减、乘、除，功能代码如下。

module.py

```
'''
Author: 虫师
Date: 2016/12/12
Describe: 实现简单计算器：+、-、*、/、
```

```
'''

class Calculator():
    '''实现两个数的加、减、乘、除'''

    def __init__(self, a, b):
        self.a = int(a)
        self.b = int(b)

    # 加法
    def add(self):
        return self.a + self.b

    # 减法
    def sub(self):
        return self.a - self.b

    # 乘法
    def mul(self):
        return self.a * self.b

    # 除法
    def div(self):
        return self.a / self.b
```

使用 unittest 单元测试框架对 Calculator 类的方法进行测试。在与 module.py 同级的目录下创建 test.py 测试文件。

test.py

```
import unittest
from module import Calculator


class ModuleTest(unittest.TestCase):

    def setUp(self):
        self.cal = Calculator(8, 4)

    def tearDown(self):
```

```
        pass

    def test_add(self):
        result = self.cal.add()
        self.assertEqual(result,12)

    def test_sub(self):
        result = self.cal.sub()
        self.assertEqual(result,4)

    def test_mul(self):
        result = self.cal.mul()
        self.assertEqual(result,32)

    def test_div(self):
        result = self.cal.div()
        self.assertEqual(result,2)


if __name__ == "__main__":
    # unittest.main()
    # 构造测试集
    suite = unittest.TestSuite()
    suite.addTest(ModuleTest("test_add"))
    suite.addTest(ModuleTest("test_sub"))
    suite.addTest(ModuleTest("test_mul"))
    suite.addTest(ModuleTest("test_div"))
    # 执行测试
    runner = unittest.TextTestRunner()
    runner.run(suite)
```

首先从感官上来看，通过 unittest 单元测试框架编写测试用例更加规范和整洁。我们来分析一下 unittest 单元测试框架的用法。

首先，通过 import 导入 unittest 单元测试框架。创建 ModuleTest 类继承 unittest.TestCase 类。

setUp()和 tearDown()两个方法在单元测试框架中较为特别，它们分别在每一个测试用例的开始和结束时执行。setUp()方法用于测试用例执行前的初始化工作，例如初始化变量、生成数据库测试数据、打开浏览器等。tearDown()方法用于测试用例执行之后的善后工作，例如清除数据库测试数据、关闭文件、关闭浏览器等。

unittest 要求测试用例（方法）必须以“test”开头。例如，test_add、test_sub 等。

接下来，调用 unittest.TestSuite()类的 addTest()方法向测试套件中添加测试用例。可以将测试套件理解为运行测试用例的集合。

最后，通过 unittest.TextTestRunner()类的 run()方法运行测试套件中的测试用例。

如果想默认运行当前测试文件中的所有测试用例，则可以直接使用 unittest 所提供的 main()方法。也就是程序中 if __name__ == "__main__": 下面注释的第一行代码。main()方法会默认查找当前文件中继承 unittest.TestCase 的测试类；在测试类下面匹配以“test”开头的方法，并执行它们。

执行结果如下：

cmd.exe

```
> python3 test.py
....
----------------------------------------------------------------------
Ran 4 tests in 0.000s

OK
```

从执行结果可以看到，点号“.”用来表示一条运行通过的用例，总共运行 4 条测试用例，用时 0.000 秒。

关于 unittest 单元测试框架的学习，Python 官方文档是非常不错的参考资料，如图 6.1 所示。除此之外，在《Selenium2 自动化测试实战——基于 Python 语言》一书中也有详细介绍。

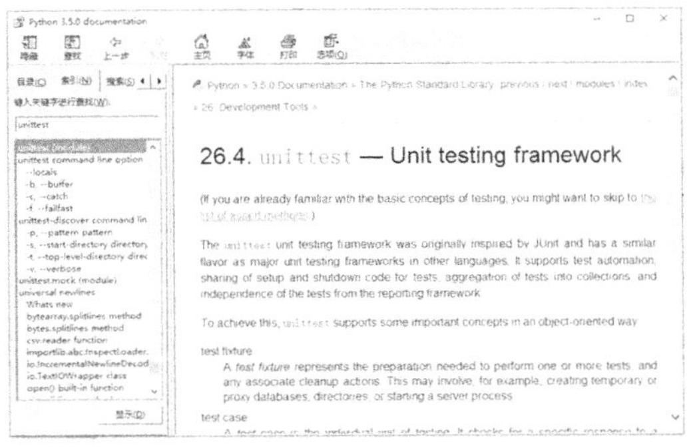

图 6.1 unittest 官方文档

6.2 Django 测试

Django 的单元测试类 django.test.TestCase 从 unittest.TestCase 继承而来。本节将使用 django.test.TestCase 类进行 Django 的单元测试。

6.2.1 一个简单的例子

在创建 Django 应用时，默认已经生成了 tests.py 测试文件，打开 sign 应用下的 tests.py 文件，编写针对模型的测试用例。

tests.py

```
from django.test import TestCase
from sign.models import Event,Guest

# Create your tests here.
class ModelTest(TestCase):

    def setUp(self):
        Event.objects.create(id=1, name="oneplus 3 event", status=True,
            limit=2000,
                                address='shenzhen', start_time='2016-08-31
02:18:22')
        Guest.objects.create(id=1,event_id=1,realname='alen',
                              phone='13711001101',email='alen@mail.com',
sign=False)

    def test_event_models(self):
        result = Event.objects.get(name="oneplus 3 event")
        self.assertEqual(result.address, "shenzhen")
        self.assertTrue(result.status)

    def test_guest_models(self):
        result = Guest.objects.get(phone='13711001101')
        self.assertEqual(result.realname, "alen")
        self.assertFalse(result.sign)
```

以发布会（Event）和嘉宾（Guest）模型为测试对象，如果不清楚 Django 模型的操作，请回到本书的第 4 章进行学习。接下来分析测试代码。

首先，创建 ModelTest 类，继承 django.test.TestCase 测试类。

然后，在 setUp()初始化方法中，分别创建一条发布会（Event）和一条嘉宾（Guest）数据。

最后，通过 test_event_models()和 test_guest_models()测试方法，分别查询创建的数据，并断言数据是否正确。

千万不要单独执行 tests.py 测试文件，Django 专门提供了“test”命令来运行测试。

cmd.exe

```
\guest> python3 manage.py test
Creating test database for alias 'default'...
..
----------------------------------------------------------------------
Ran 2 tests in 0.004s

OK
Destroying test database for alias 'default'...
```

当 Django 在执行 setUp()部分的操作时，并不会真正地向数据库表中插入数据。所以，不用关心产生测试数据之后的清理工作。

修改用例中的预期结果，把断言结果由“shenzhen”改为“beijing”，使测试执行失败。

cmd.exe

```
\guest>python3 manage.py test
Creating test database for alias 'default'...
F.
======================================================================
FAIL: test_event_models (sign.tests.ModelTest)
----------------------------------------------------------------------
Traceback (most recent call last):
  File "D:\pydj\guest\sign\tests.py", line 15, in test_event_models
    self.assertEqual(result.address, "beijing")
AssertionError: 'shenzhen' != 'beijing'
- shenzhen
+ beijing


----------------------------------------------------------------------
```

```
Ran 2 tests in 0.004s

FAILED (failures=1)
Destroying test database for alias 'default'...
```

从测试执行信息中，可以很容易地找到错误的原因。

6.2.2 运行测试用例

随着测试用例越来越多，测试时间也会变得越来越长；并不是每一次都希望执行全部用例，有时只想执行某个某一条或某一个模块的测试用例。“test”命令提供了可以控制用例执行的级别。

运行 sign 应用下的所有测试用例。

cmd.exe

```
\guest> python3 manage.py test sign
Creating test database for alias 'default'...
..
----------------------------------------------------------------------
Ran 2 tests in 0.003s

OK
Destroying test database for alias 'default'...
```

运行 sign 应用下的 tests.py 测试文件。

cmd.exe

```
\guest> python3 manage.py test sign.tests
Creating test database for alias 'default'...
..
----------------------------------------------------------------------
Ran 2 tests in 0.003s

OK
Destroying test database for alias 'default'...
```

运行 sign 应用 tests.py 测试文件下的 ModelTest 测试类。

cmd.exe

```
\guest> python3 manage.py test sign.tests.ModelTest
Creating test database for alias 'default'...
..
----------------------------------------------------------------------
Ran 2 tests in 0.004s

OK
Destroying test database for alias 'default'...
```

下面执行 ModelTest 测试类下面的 test_event_models 测试方法（用例）。

cmd.exe

```
\guest> python3 manage.py test sign.tests.ModelTest.test_event_models
Creating test database for alias 'default'...
.
----------------------------------------------------------------------
Ran 1 test in 0.002s

OK
Destroying test database for alias 'default'...
```

最后，我们还可以使用 -p （或 --pattern）参数模糊匹配测试文件。

cmd.exe

```
\guest> python3 manage.py test -p test*.py
Creating test database for alias 'default'...
..
----------------------------------------------------------------------
Ran 2 tests in 0.003s

OK
Destroying test database for alias 'default'...
```

指定匹配运行的测试文件：test*.py，即匹配以“test”开头，以“.py”结尾的测试文件，星号“*”匹配任意字符。

6.3 客户端测试

在 Django 中，django.test .Client 类充当一个虚拟的网络浏览器，可以测试视图（views）与 Django 的应用程序以编程方式交互。

django.test .Client 类可以做的事情如下：

◎ 模拟“GET”和“POST”请求，观察响应结果，从 HTTP（headers、status codes）到页面内容。

◎ 检查重定向链（如果有的话），再每一步检查 URL 和 status code。

◎ 用一个包括特定值的模板 context 来测试一个 request 被 Django 模板渲染。

进入 Django Shell 模式。

cmd.exe

```
Python 3.5.2 (v3.5.2:4def2a2901a5, Jun 25 2016, 22:18:55) [MSC v.1900 64 bit
(AMD64)] on win32
Type "help", "copyright", "credits" or "license" for more information.
(InteractiveConsole)
>>> from django.test.utils import setup_test_environment
>>> setup_test_environment()
```

setup_test_environment()用于测试前初始化测试环境。

cmd.exe

```
>>> from django.test import Client
>>> c = Client()
>>> response = c.get('/index/')
>>> response.status_code
200
```

测试 index 视图。Client 类提供了 get()和 post()方法模拟 GET/POST 请求。通过 get()请求“/index/”路径，即为登录页面，打印 HTTP 返回的状态码为 200，表示请求成功。

6.3.1 测试首页

打开.../sign/tests.py 文件，编写 index 视图的测试用例。

tests.py

```
from django.test import TestCase

class IndexPageTest(TestCase):
    ''' 测试index登录首页 '''


    def test_index_page_renders_index_template(self):
        ''' 测试index视图 '''
        response = self.client.get('/index/')
        self.assertEqual(response.status_code, 200)
        self.assertTemplateUsed(response, 'index.html')
```

虽然这里没有导入 django.test.Client 类，但 self.client 最终调用的依然是 django.test.Client 类的方法，通过 client.get()方法请求"/index/"路径。status_code 获取 HTTP 返回的状态码，使用 assertEqual()断言状态码是否为 200。assertTemplateUsed()断言服务器是否用给定的是 index.html 模板响应。

6.3.2 测试登录动作

接下来，在.../sign/tests.py 文件中编写登录动作的测试用例。

tests.py

```
……
from django.contrib.auth.models import User

……


class LoginActionTest(TestCase):
    ''' 测试登录动作'''

    def setUp(self):
        User.objects.create_user('admin', 'admin@mail.com', 'admin123456')

    def test_add_admin(self):
        ''' 测试添加用户 '''
        user = User.objects.get(username="admin")
        self.assertEqual(user.username, "admin")
```

```
        self.assertEqual(user.email, "admin@mail.com")

    def test_login_action_username_password_null(self):
        ''' 用户名密码为空 '''
        test_data = {'username':'','password':''}
        response = self.client.post('/login_action/', data=test_data)
        self.assertEqual(response.status_code, 200)
        self.assertIn(b"username or password error!", response.content)

    def test_login_action_username_password_error(self):
        ''' 用户名密码错误 '''
        test_data = {'username':'abc','password':'123'}
        response = self.client.post('/login_action/', data=test_data)
        self.assertEqual(response.status_code, 200)
        self.assertIn(b"username or password error!", response.content)

    def test_login_action_success(self):
        ''' 登录成功 '''
        test_data = {'username':'admin','password':'admin123456'}
        response = self.client.post('/login_action/', data=test_data )
        self.assertEqual(response.status_code, 302)
```

在 setUp()初始化方法中，调用 User.objects.create_user()创建登录用户数据。

test_add_admin()用于测试添加的用户数据是否正确。

在其他测试用例中，通过 post()方法请求“/login_action/”路径测试登录功能。test_data 定义登录用户参数{'username':'admin','password':'admin123456'}。

test_login_action_username_password_null()和 test_login_action_username_password_error()用例分别测试用户名/密码为空和用户名/密码错误。assertIn()方法断言返回的 HTML 页面中是否包含“username or password error!”提示字符串。

test_login_action_success()用例测试用户名和密码正确。为什么断言 HTTP 返回状态码是 302 而不是 200 呢？这是因为在 login_action 视图函数中，当用户登录验证成功后，通过 HttpResponseRedirect()跳转到了“/event_manage/”路径，这是一个重定向，所以登录成功的 HTTP 返回码是 302。

6.3.3 测试发布会管理

再接下来，在.../sign/tests.py 文件中编写发布会管理视图的测试用例。

tests.py

```
......
from sign.models import Event

......
class EventMangeTest(TestCase):
    ''' 发布会管理 '''

    def setUp(self):
        User.objects.create_user('admin', 'admin@mail.com', 'admin123456')
        Event.objects.create(name="xiaomi5",limit=2000,address='beijing',
                             status=1,start_time='2017-8-10 12:30:00')
        self.login_user = {'username':'admin','password':'admin123456'}

    def test_event_mange_success(self):
        ''' 测试发布会:xiaomi5 '''
        response = self.client.post('/login_action/', data=self.login_user)
        response = self.client.post('/event_manage/')
        self.assertEqual(response.status_code, 200)
        self.assertIn(b"xiaomi5", response.content)
        self.assertIn(b"beijing", response.content)

    def test_event_mange_search_success(self):
        ''' 测试发布会搜索 '''
        response = self.client.post('/login_action/', data=self.login_user)
        response = self.client.post('/search_name/',{"name":"xiaomi5"})
        self.assertEqual(response.status_code, 200)
        self.assertIn(b"xiaomi5", response.content)
        self.assertIn(b"beijing", response.content)
```

由于发布会管理 event_manage 和发布会名称搜索 search_name 两个视图函数被@login_required 修饰，所以要想测试这两个功能，必须要先登录成功，并且需要构造登录用户的数据。所以你会看到在每个用例的开始先调用登录函数。

具体的用例请求路径和返回结果的断言，与前面登录功能基本相同，这里不再解释。

6.3.4 测试嘉宾管理

继续在.../sign/tests.py 文件中编写嘉宾管理的测试用例。

tests.py

```
......
from sign.models import Event, Guest

......

class GuestManageTest(TestCase):
    ''' 嘉宾管理 '''

    def setUp(self):
        User.objects.create_user('admin', 'admin@mail.com', 'admin123456')
        Event.objects.create(id=1,name="xiaomi5",limit=2000,
        address='beijing',
                             status=1,start_time='2017-8-10 12:30:00')
        Guest.objects.create(realname="alen",phone=18611001100,
                             email='alen@mail.com',sign=0,event_id=1)
        self.login_user = {'username':'admin','password':'admin123456'}

    def test_event_mange_success(self):
        ''' 测试嘉宾信息: alen '''
        response = self.client.post('/login_action/', data=self.login_user)
        response = self.client.post('/guest_manage/')
        self.assertEqual(response.status_code, 200)
        self.assertIn(b"alen", response.content)
        self.assertIn(b"18611001100", response.content)

    def test_guest_mange_search_success(self):
        ''' 测试嘉宾搜索（需要先完成被测功能） '''
        response = self.client.post('/login_action/', data = self.login_user)
        response = self.client.post('/search_phone/',{"phone":"18611001100"})
        self.assertEqual(response.status_code, 200)
        self.assertIn(b"alen", response.content)
        self.assertIn(b"18611001100", response.content)
```

嘉宾管理 guest_manage 和嘉宾手机号搜索 search_phone 的测试需要构造完整的数据，首先是登录用户的数据，其次是嘉宾所属的某场发布会数据。当前用例的测试调用和结果断言参考前面的用例。

6.3.5 测试用户签到

最后，在.../sign/tests.py 文件中编写用户签到的测试用例。

tests.py

```
......

class SignIndexActionTest(TestCase):
    ''' 发布会签到 '''

    def setUp(self):
        User.objects.create_user('admin', 'admin@mail.com', 'admin123456')
        Event.objects.create(id=1,name="xiaomi5",limit=2000,
address='beijing',
                             status=1,start_time='2017-8-10 12:30:00')
       Event.objects.create(id=2,name="oneplus4",limit=2000,
address='shenzhen',
                             status=1,start_time='2017-6-10 12:30:00')
       Guest.objects.create(realname="alen",phone=18611001100,
                            email='alen@mail.com',sign=0,event_id=1)
       Guest.objects.create(realname="una",phone=18611001101,
                            email='una@mail.com',sign=1,event_id=2)
        self.login_user = {'username':'admin','password':'admin123456'}

    def test_sign_index_action_phone_null(self):
        ''' 手机号为空 '''
        response = self.client.post('/login_action/', data=self.login_user)
        response = self.client.post('/sign_index_action/1/',{"phone":""})
        self.assertEqual(response.status_code, 200)
        self.assertIn(b"phone error.", response.content)

    def test_sign_index_action_phone_or_event_id_error(self):
        ''' 手机号或发布会 id 错误 '''
        response = self.client.post('/login_action/', data=self.login_user)
        response=self.client.post('/sign_index_action/2/',
                                  {"phone":"18611001100"})
        self.assertEqual(response.status_code, 200)
        self.assertIn(b"event id or phone error.", response.content)
```

```
    def test_sign_index_action_user_sign_has(self):
        ''' 用户已签到 '''
        response = self.client.post('/login_action/', data=self.login_user)
        response = self.client.post('/sign_index_action/2/',
                                    {"phone":"18611001101"})
        self.assertEqual(response.status_code, 200)
        self.assertIn(b"user has sign in.", response.content)

    def test_sign_index_action_sign_success(self):
        ''' 签到成功 '''
        response = self.client.post('/login_action/', data=self.login_user)
        response = self.client.post('/sign_index_action/1/',
                                    {"phone":"18611001100"})
        self.assertEqual(response.status_code, 200)
        self.assertIn(b"sign in success!", response.content)
```

关于签到功能，测试验证的情况比较多，在 setUp()中构造测试数据时需要创建两条发布会信息："xiaomi5"和"oneplus4"；嘉宾"alen"属于"xiaomi5"发布会，嘉宾"una"属于"oneplus4"发布会，并且"una"的签到状态为"已签到"。

当通过"alen"的手机号（18611001100）在"oneplus4"发布会页面签到时，将会提示："event id or phone error."（发布会 id 与手机号不匹配）。

当通过"una"手机号签到时，将会提示："user has sign in."（用户已签到）。

另外两条用例分别是手机号为空和签到成功，相对比较好理解，这里不再解释。

关于 Django 测试的讨论到此为止，更多使用方法和技巧请参考 Django 官方文档：

https://docs.djangoproject.com/en/1.10/topics/testing/。

第 7 章 接口相关概念

发布会签到系统的功能开发与单元测试暂时先告一段落，如果你是一位软件测试人员，那么 Web 开发和单元测试对你而言应该不再高端和神秘，当然，如果想成为一名合格的开发人员，那么要走的路还很长。不过，从本章开始，我们将会把重点转移到 Web 接口的开发与测试上来，如果你是被书名所吸引才购买的本书，那么接来的内容必定是你真正想要的。

本章首先帮你梳理接口相关的概念。

7.1 分层的自动化测试

测试金字塔的概念由敏捷大师 Mike Cohn 在他的 *Succeeding with Agile*一书中首次提出，如图 7.1 所示。他的基本观点是：我们应该有更多低级别的单元测试，而不仅仅是通过用户界面运行高层端到端的测试。

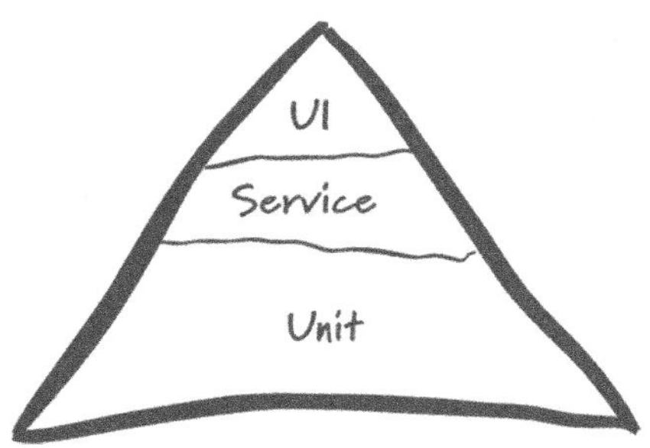

图 7.1 测试金字塔

Martin Fowler 大师在测试金字塔模型的基础上提出分层自动化测试的概念。在自动化测试之前加了一个“分层”的修饰，用来区别于“传统的”自动化测试。那么什么是传统的自动化测试？为何要提倡分层自动化测试的思想呢？

所谓传统的自动化测试我们可以理解为基于产品 UI 层的自动化测试，它是将黑盒功能测试转化为由程序或工具执行的一种自动化测试。

在目前的大多数研发组织当中，都存在开发与测试团队割裂（部门墙）、质量职责错配（测试主要对质量负责）的问题，在这种状态下，测试团队的一个“正常”反应就是试图在测试团队能够掌控的黑盒测试环节进行尽可能全面的覆盖，甚至是尽可能全面的 UI 自动化测试。

这可能会导致两个恶果：一是测试团队规模的急剧膨胀；二是所谓的全面 UI 自动化测试运动。因为 UI 是非常易变的，所以 UI 自动化测试维护成本相对较高。

分层自动化测试倡导的是从黑盒（UI）单层到黑白盒多层的自动化测试体系，从全面黑盒自动化测试到对系统的不同层次进行自动化测试，如图 7.2 所示。

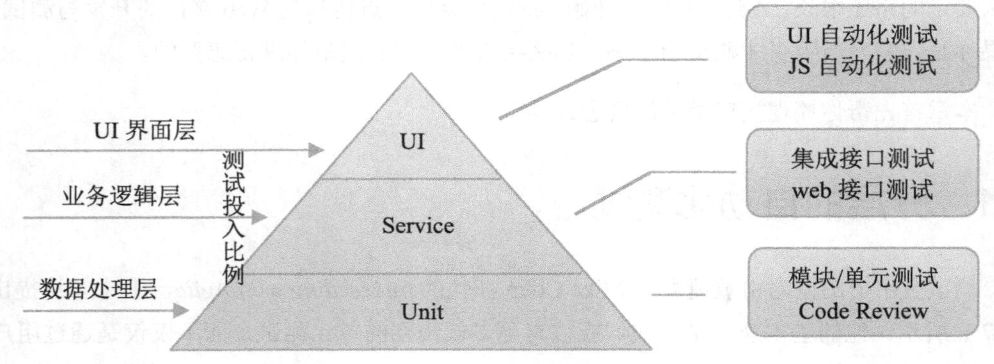

图 7.2 分层自动化测试

我在《Selenium2 自动化测试实战——基本 Python 语言》一书的第 1 章中已经对分层自动化测试的概念作了介绍，之所以再次重提这一概念，足以表明我对这一概念的认同和推崇。《Selenium2 自动化测试实战——基本 Python 语言》对 Selenium 的讲解全面展示了 Web UI 层自动化测试的应用。本书写作的出发点同样遵循分层自动化测试的思想，将自动化测试技术延伸到 Service 层，关注 Web 接口的开发与自动化测试的应用。

7.2 单元测试与模块测试

不管是软件开发人员还是软件测试人员，相信对这两个概念都很熟悉，我也同样有此错觉。

但是，当我试图描述这两个概念时，却发现颇为困难，因为在我们开发的 Web 项目中，并不能直接找到与之对应的概念。在开发的 Web 项目中只有项目目录、程序文件、函数、类和方法。并没有“单元”，也没有“模块”。

我在网上翻阅了一些资料，找到了关于这两个概念的大多数人认同的定义，来看看它们的描述。

1．单元测试（Unit testing）

> In computer programming, **unit testing** is a software testing method by which individual units of source code, sets of one or more computer program modules together with associated control data, usage procedures, and operating procedures, are tested to determine whether they are fit for use.
>
> Intuitively, one can view a unit as the smallest testable part of an application. In procedural programming, a unit could be an entire module, but it is more commonly an individual function or procedure. In object-oriented programming, a unit is often an entire interface, such as a class, but could be an individual method. Unit tests are short code fragments created by programmers or occasionally by white box testers during the development process. It forms the basis for component testing。
>
> ——引用“维基百科”

通过这段定义，我们读到几个关于单元测试的描述：

❶ 单元测试是应用程序的最小可测试部分。

❷ 在面向过程编程中，单元也可以是整个模块，但常见的是单个函数或过程。

❸ 在面向对象编程中，单元通常是整个接口，例如类，但可以是单独的方法。

❹ 单元测试多数情况下是由程序员自己完成的。

2．模块测试（Module testing）

不少人认为单元测试与模块测试是一样的。但在国外某网站找到一段关于模块测试的定义。

> A library may be composed of a single compiled object or several compiled objects. There is only a slight difference between unit testing and module testing. Modules are fully formed chunks of coherent source code that can typically be tested by driving a few function signatures with various

stimuli. On the other hand, unit testing (which is considered as part of the implementation phase for this software development process) may involve testing one small part of a function that will never formally implement any function interface.

——引用国外某大学网站

通过这段定义，我们读到了几个关于模块测试的解释：

❶ 首先，这段定义认为模块测试与单元测试有细微的区别。

❷ 模块测试是针对具有明显功能特征的代码块进行的测试。

❸ 并且，它认为单元测试可能只涉及测试一小部分的功能。

❹ 模块测试多数情况下由其他程序员或测试人员进行（这一条是我自己加的）。

通过对单元测试和模块测试的概念的分析，你是否对这两个概念有了更清晰的认识。其实，我们也可以认为是同一个事物用不同的两个角度去解释。单元测试更强调的是程序的最小可测试单元；而且模块测试更强调被测试程序功能的完整性。

模块接口测试：对于这个叫法并没有找到规范的概念，它更多的只是一个口头叫法。其实它就是模块测试，加上“接口”两个字，更强调了被测试的模块有规范的输入和输出。因为这是一个可测试模块的最显著的特征之一。

7.3 接口测试

关于接口的概念，这里就不再引用一些资料中的定义了。我根据自己的理解和认识把接口大致分为两类：程序接口和协议接口。

程序接口，也可以看作是程序模块接口，具体到程序中一般就是提供了输入输出的类、方法或函数。对于程序接口的测试，一般需要使用与开发程序接口相同的编程语言，通过对类、方法和函数的调用，验证其返回结果是否正确来进行测试。这一类测试工作，既可以由开发人员自己完成，也可以由有良好编程能力的测试人员来做。

协议接口，一般是指系统通过不同的协议提供的接口，例如使用 HTTP/SOAP 协议等。这种类型的接口对底层代码做了封装，通过协议的方式对外提供调用。因为不涉及底层程序，所以，一般不受编程语言的限制。我们可以通过接口测试工具或者其他编程语言进行测试。这一类测试工作多数情况下由测试人员完成。

本书的重点也是对协议接口的开发与测试。

7.3.1 接口的分类

从系统的调用方式不同，又可以将接口大致分为以下三种。

1．系统与系统之间的接口

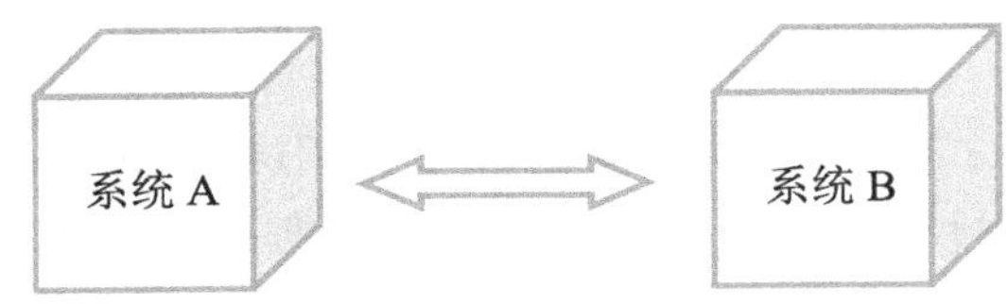

系统与系统之间的接口，既可以是公司内部不同系统之间调用的接口，也可以是不同公司不同系统之间调用的接口。对于前者，我所测试 MAC 系统就是一个对公司内部提供服务的接口平台。提供用户抽奖、活动报名、活动投票等接口服务。对于后者，如微信、微博所提供的第三方登录接口，如果你开发的系统不想自建用户体系，那么完全可以调用这些接口来实现用户的登录。

2．下层服务对上层服务的接口

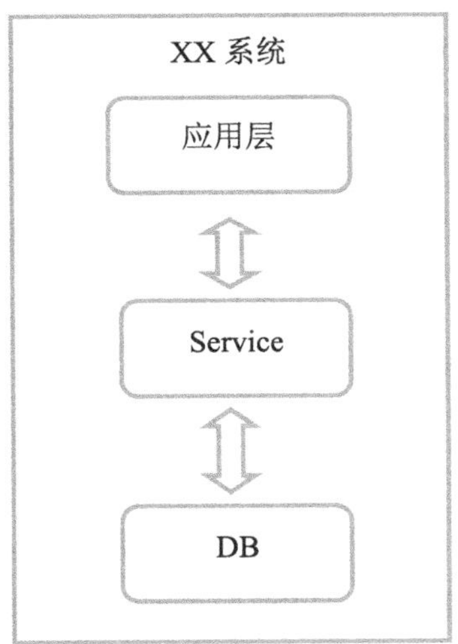

应用层，可以认为是系统所提供的 UI 层功能。对于 Web 系统来说，就是浏览器页面上所提供的功能，如登录、注册、查询、删除等。

Service 层，可以理解为服务器所提供数据的处理。

DB 层，（Data Base）数据库主要用来存放数据，例如用户的个人信息、商品的信息等。

下面举例来说明各层之间的调用过程。首先应用层实现了一个用户查询的功能，需要用户输入查询的关键字，并显示查询结果。当用户使用查询功能时，首先底层调用 Service 层所提供的查询接口，查询接口得到应用层调用的查询数据；然后再通过 DAO 访问数据库，根据用户输入的查询数据，查询数据库中的数据；最后，将查询到的数据库数据返回给应用层，用户在应用层看到查询结果。

在这个过程中，各层之间的交互就是通过接口，应用层与 Service 主要通过 HTTP 接口。Service 层与 DB 层主要通过 DAO（Data Access Object）数据库访问接口。对于 Python 与 MySQL 数据库之间的调用，本书第 4 章中介绍的 PyMySQL 驱动就扮演着这样的角色。

3. 系统内部，服务与服务之间的调用

系统内部，服务与服务之间的调用，大多情况下是指程序之间的调用。

继续举例，假设系统开发一个用户查询接口，输入用户名，返回用户信息（性别、年龄、手机号、邮箱地址等），如果用户不存在则返回 null。现在需要新开发一个用户抽奖的接口，该接口需要用户名和抽奖活动 id，抽奖接口得到用户名后可以调用用户查询接口，如果用户查询接口返回 null，那么抽奖接口就可以直接返回用户不存在了。在这个例子中，用户抽奖接口调用的就是用户查询接口。

这里的用户查询接口和抽奖接口本质上就是程序开发的函数或方法，提供入参与返回值。

7.3.2 接口测试的意义

根据分层自动化测试中的定义，最底层由开发人员编写的单元测试保证代码质量，最上层由功能测试人员手工+ UI 自动化测试保证功能的可用。那么接口测试的意义是什么呢？

1. 更早的发现问题

测试工作应该更早地介入到项目开发中，因为越早发现 bug，修复的成本越低。然而功能测试必须要等到系统提供可测试的界面后才能进行。单元测试和接口测试是更早介入测试的两个方面。接口测试可以在功能界面未开发出来之前对系统的接口进行测试，从而可以更早地发现问题并以更低的成本修复问题。

在一些实际项目开发过程中，开发人员并没有充足的时间去编写单元测试，并且他们往往对自己编写的代码有足够的信心，不愿意将时间“浪费”在单元测试的编写上。这个时候接口测试就会变得更加重要。

2．缩短产品研发周期

更早介入测试带来的另一个好处是可以缩短产品周期。接口测试的介入可以更早地发现并解决 bug，使得留到功能测试阶段被修复的 bug 减少，从而缩短整个项目的上线时间。

3．发现更底层的问题

系统中的有些 bug 如果想通过 UI 层功能测试会比较困难，或者构造测试条件非常复杂。通过接口测试可以更简单更全面地覆盖到底层的代码逻辑，从而可以发现一些隐藏的 bug。

除此之外，我们通常把 UI 层的验证称为弱验证，这是因为它很容易被绕过。如果只针对 UI 层的功能进行测试，就很难发现后端系统对一些异常情况的处理能力，而接口测试可以很容易地验证这些异常情况。

7.4　编程语言中的 Interface

在面向对象的编程语言中大多提供了 Interface（接口）的概念。既然本章要介绍接口的概念，那么这里也简单介绍一下面向对象编程语言中的接口。

7.4.1　Java 中的 Interface

接口在 Java 编程语言中是指一个抽象类型，是抽象方法的集合，通常以 interface 来声明。一个类通过继承接口的方式，从而来继承接口的抽象方法。

接口并不是类，虽然编写接口的方式和类很相似，但是它们属于不同的概念。类描述对象的属性和方法。接口则包含类要实现的方法。接口无法被实例化，但是可以被实现。一个实现接口的类，必须实现接口内所描述的所有方法，否则就必须声明为抽象类。

1. 为什么使用 Interface?

接口的特点在于它只定义规范，而不管具体实现，具体实现由接口的实现者完成。

例如，当前有多个主流的数据库厂商（Oracle、SQL Server、DB2 等），Java 定义了调用数据库的接口规范（JDBC 即 Java 数据库连接，是一种用于执行 SQL 语句的 Java API，可以为多种关系数据库提供统一访问，它由一组用 Java 语言编写的类和接口组成），不同的数据库厂商需要根据接口实现自己的数据库调用。对于 Java 程序员来说，在调用不同的数据库时只需要用 JDBC，而并不需要关心每个数据库是怎样实现接口的。

下面通过例子来介绍 Java 中接口的使用。

定义接口。

IAnimal.java

```
package test.demo;

public interface IAnimal {
     public String Behavior(); //行为方法，描述各种动物的特性
}
```

实现动物接口（Dog 类）。

Dog.java

```
package test.demo;

//类：狗
public class Dog implements IAnimal {

   @Override
   public String Behavior() {
       String ActiveTime = "我晚上睡觉,白天活动";
       return ActiveTime;
   }
}
```

实现动物接口（Cat 类）。

Cat.java

```
package test.demo;

//类：猫
public class Cat implements IAnimal{

    @Override
    public String Behavior() {
        String ActiveTime = "我白天睡觉,晚上捉老鼠。";
        return ActiveTime;
    }
}
```

测试动物接口的具体实现（Dog 类和 Cat 类）。

Test.java

```
package test.demo;

public class Test {

    public static void main(String[] args) {
        //调用 dog 和 cat 的行为
        Dog dog = new Dog();
        Cat cat = new Cat();
        System.out.println(dog.Behavior());
        System.out.println(cat.Behavior());
    }
}
```

需要说明的是，这里的测试并不是测试的接口，因为接口本身只是抽象的定义，并没有可测试性，这里所测试的是已经实现了接口的类。

7.4.2　Python 中的 Zope.interface

在 Python 语言中也有 Interface 的概念，虽然 Python 本身并不提供 Interface 的创建和使用，但是我们可以通过第三方扩展库来使用类似 Interface 的概念，这里选用 Zope.interface 库。

PyPI 地址：https://pypi.python.org/pypi/zope.interface

先来看个普通的例子。

demo.py

```
class Host(object):

    def goodmorning(self, name):
        """Say good morning to guests"""
        return "Good morning, %s!" % name

if __name__ == '__main__':
    h = Host()
    hi = h.goodmorning('zhangsan')
    print(hi)
```

下面在这个例子的基础上使用 Interface（只适用 Python 3）。

interface_demo.py

```
from zope.interface import Interface
from zope.interface.declarations import implementer

# 定义接口
class IHost(Interface):
    def goodmorning(self,host):
        """Say good morning to host"""


@implementer(IHost) # 继承接口
class Host:
    def goodmorning(self, guest):
        """Say good morning to guest"""
        return "Good morning, %s!" % guest


if __name__ == '__main__':
    p = Host()
    hi = p.goodmorning('Tom')
    print(hi)
```

本书的重点并不是讨论面向对象编程语言中的 Interface 的使用，之所以会介绍这个概念，是希望读者能将这里的 Interface 与前面所介绍的接口能够清晰地进行区别。

第 8 章 开发Web接口

我时常被新手问到的一个问题就是如何设计 Web 接口测试用例。如果你能阅读一下 Web 接口的代码实现，那么就不会有这样的疑问了。测试的方法就是模拟不同的参数去覆盖更多的代码逻辑，尽量把 Web 接口的每一种返回结果都测到。

当然，想做到这一点并不太容易，你必须要了解 Web 接口开发。了解 Web 接口开发又必须要熟悉 Web 开发。值得庆幸的是，我们前面已经补足了 Web 开发的短板，相对而言，Web 接口开发与测试要容易很多。本章就来完成 Web 接口的开发。

8.1 为何要开发 Web 接口

相信你一定产生了疑问，我们不是已经开发完成发布会签到系统了么，在此过程中并未用到 Web 接口，为何要再开发 Web 接口？开发的 Web 接口由谁来调用？

对于我们常见的“XX 管理系统”来说，一般是以数据管理为主，主要处理各种报表的查询、添加、删除、修改等功能。这类系统的特点是：页面设计比较单一，交互也并不复杂，所以一般可以由后端开发人员独立完成，如图 8.1 所示。所以，一般也不需要使用 Web 接口。

关键字 状态 活动状态 重置

id	活动名称	状态	活动状态	开始时间	结束时间	奖品数量	剩余数量	活动说明	操作
113	[illegible]	[illegible]	[illegible]	2016-03-02 15:06:43	2016-03-26 15:06:46	405	405		Edit
112	[illegible]	[illegible]	[illegible]	2016-03-17 11:13:09	2016-03-26 11:13:11	1	1		Edit
111	[illegible]	[illegible]	[illegible]	2016-03-02 15:19:46	2016-03-26 15:19:48	9	9		Edit
110	[illegible]	[illegible]	[illegible]	2016-03-08 16:04:05	2016-03-11 16:04:07	78	78		Edit
109	[illegible]	[illegible]	[illegible]	2016-03-08 16:04:05	2016-03-11 16:04:07	0	0		Edit
108	[illegible]	[illegible]	[illegible]	2016-03-08 16:04:05	2016-03-11 16:04:07	0	0		Edit
107	[illegible]	[illegible]	[illegible]	2016-03-08 16:04:05	2016-03-11 16:04:07	0	0		Edit
106	[illegible]	[illegible]	[illegible]	2016-03-08 16:04:05	2016-03-11 16:04:07	0	0		Edit
105	[illegible]	[illegible]	[illegible]	2016-03-01 13:57:20	2016-03-10 13:57:22	85	85		Edit
104	[illegible]	[illegible]	[illegible]	2016-03-01 11:00:32	2016-03-10 11:00:35	2	2		Edit

1 2 3 4 5 6 7 8 9 Next 共 84 条，当前 1 / 9 页 10 条/页 Go

图 8.1　某后台数据管理系统

但随着前端技术的发展以及 HTML5 技术的普及，页面可以实现更丰富的内容和更复杂的交互。比如我所测试的微信活动，如图 8.2 所示。开发工作主要集中在前端页面，同时需要更加专业的前端开发人员来完成。

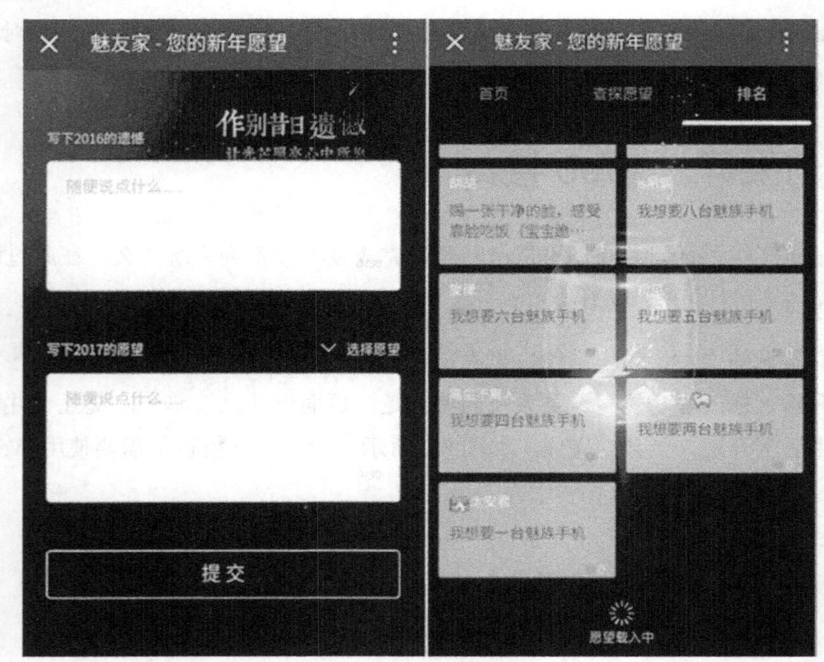

图 8.2　微信活动

再比如，在第 5 章中的发布会签到页面，如图 8.3 所示。这样的页面用于正式产品的发布活动显然是不合适的，没有任何的产品风格和设计可言。

图 8.3　发布会签到页

图 8.4 虽然实现的功能与图 8.3 一样，但看上去要专业不少。这样的页面主要包含了 JavaScript、CSS 和图片，需要设计和前端人员参与；后端开发只提供签到接口即可。如果你很好奇前端如何调用后端提供的签到接口，那么可以到我的 GitHub 的项目中查看，那里已经增加了该页面的开发代码，你可以拿来参考学习（注：GitHub 地址在本书第 5 章开篇位置）。

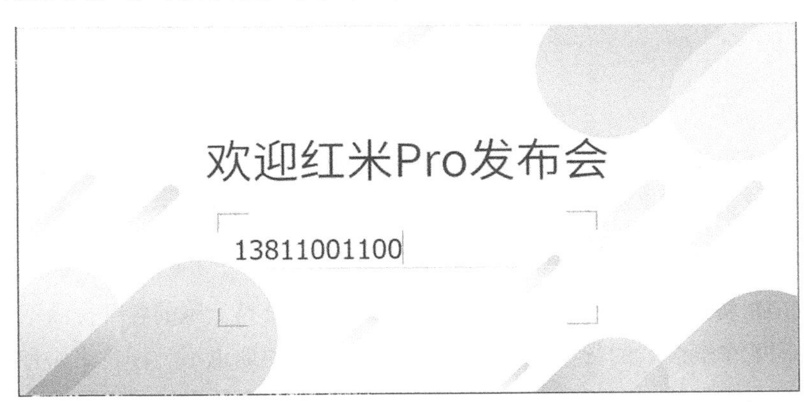

图 8.4　某产品发布会签到页

这里引出了另外一个话题，前端与后端的分离，这是近年来 Web 应用开发的一个发展趋势。这种模式的优势如下：

❶ 后端不必精通前端技术（HTML5/JavaScript/CSS），只专注于数据的处理并提供 Web 接口即可。

❷ 前端的专业性越来越高，通过调用 Web 接口获取数据，从而专注于数据展示和页面交互的设计。

❸ Web 接口的应用范围更加广泛，由后端开发的接口既可以提供给 Web 页面调用，也可以提供给移动 APP 调用；既可以提供给公司内部系统调用，也可以提供给公司外部系统调用。

简单介绍了前后端分离的好处后，相信你已经了解为什么开发 Web 接口，以及开发的 Web 接口给谁来用。想一想，在这种开发模式下，接口的测试工作是不是就变得非常重要了呢？

8.2 什么是 Web 接口

在解释这个问题之前，先来通过浏览器前端工具（如 Firefox 浏览器的 Firebug、Chrome 浏览器的开发者工具）捕捉一下发布会管理页面的请求。

发布会管理页面如图 8.5 所示（http://127.0.0.1:8000/event_manage/）。

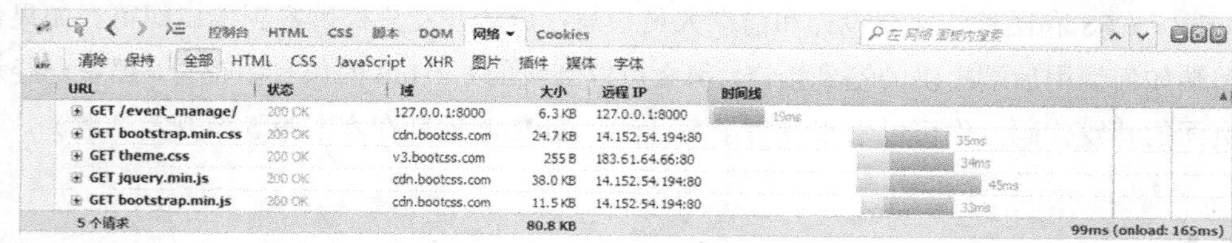

图 8.5 Web 页面的响应

当我们在请求一个页面的时候，会显示服务器返回的资源，其中包含了 HTML、CSS 和 JavaScript，除此之外，服务器还可以返回图片、视频、字体和插件等类型的资源。这些资源全部使用 HTTP 协议传输。

如果把 HTTP 协议看作是高速公路的话，那么在高速公路上跑的各种拉满不同货物的车辆就是资源。不同的车辆装载的货物不一样，因此它们的目的地也不一样。比如有些车辆拉的是生猪，是要送到屠宰场的；有些车辆拉的是西瓜，是要送到水果批发市场的。HTTP 协议上传输的资源也是一样，类型不同，作用也不一样。数据就是其中的一种资源，数据是接口的本质，你可以把数据当作我们要运输的货物西瓜。首先我们可以选择不同的运输方式，走高速公路或走铁路，这就是数据传输协议的选择（如 HTTP/SOAP）。其次是西瓜的存放方式，是直接将西瓜堆积到车厢里，还是把每个西瓜放到盒子里再装箱，这就是数据格式的选择（如 XML/JSON/CSV）。JSON 格式的数据如图 8.6 所示。

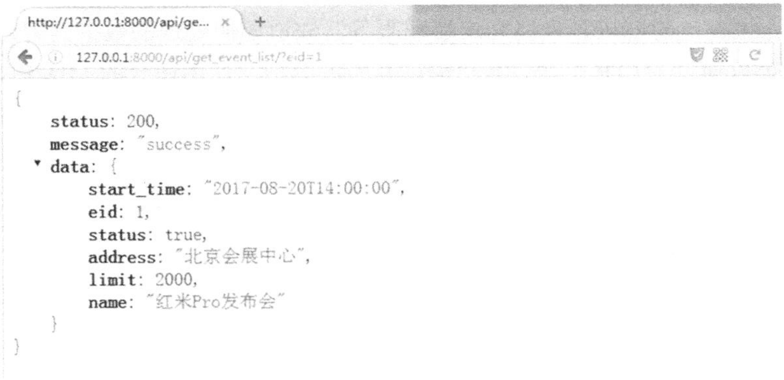

```
http://127.0.0.1:8000/api/ge...
127.0.0.1:8000/api/get_event_list/?eid=1
{
    status: 200,
    message: "success",
  ▾ data: {
        start_time: "2017-08-20T14:00:00",
        eid: 1,
        status: true,
        address: "北京会展中心",
        limit: 2000,
        name: "红米Pro发布会"
    }
}
```

图 8.6　JSON 格式的数据

图 8.6 调用一个查询发布会信息的接口，首先，该接口是通过 HTTP 协议的 GET 方式发送请求的，所以可以使用浏览器调用，我们也可以使用接口测试工具或 Python 所提供的相关库来调用，这些将会放到后面的章节介绍。其次，接口数据使用的是 JSON 格式，这是当前主流的接口数据格式之一。

从接口的调用方式和数据格式来看，显然并不是直接给普通用户来使用的，它主要为其他开发者提供调用。

上面的例子中提到的协议和数据格式是构成接口的两个要素。在当前 Web 接口中，应用最普遍的协议是 HTTP 协议，而 JSON 是目前最流行的接口数据传输格式之一。接下来简单介绍一下这两项技术。

8.2.1　HTTP

HTTP 是 Hyper Text Transfer Protocol（超文本传输协议）的缩写，是从万维网（WWW：World Wide Web）服务器传输超文本到本地浏览器的传送协议。HTTP 基于 TCP/IP 通信协议来传递数据（HTML 文件、图片文件、媒体等）。

HTTP 协议工作于客户端—服务端架构上。浏览器作为 HTTP 客户端通过 URL 向 HTTP 服务端（即 Web 服务器）发送请求。

1．HTTP 协议的主要特点

◎　无连接：无连接的含义是限制每次连接只处理一个请求。服务器处理完客户的请求，并收到客户的应答后，即断开连接。采用这种方式可以节省传输时间。

◎ 媒体独立：这意味着，只要客户端和服务器知道如何处理的数据内容，任何类型的数据都可以通过 HTTP 发送。客户端以及服务器指定使用适合的 MIME-type 内容类型。

◎ 无状态：HTTP 协议是无状态协议。无状态是指协议对于事务处理没有记忆能力。缺少状态意味着如果后续处理需要前面的信息，则它必须重传，这样可能导致每次连接传送的数据量增大。如果服务器不需要先前信息，那么它的应答就比较快。

2．HTTP 请求方法

根据 HTTP 标准，HTTP 请求可以使用多种请求方法。

HTTP 1.0 定义了三种请求方法：GET、POST 和 HEAD 方法。

HTTP 1.1 新增了五种请求方法：OPTIONS、PUT、DELETE、TRACE 和 CONNECT 方法。HTTP 请求方法如表 8.1 所示。

表 8.1 HTTP 请求方法

请求方法	说　明
GET	请求指定的页面信息，并返回实体主体
POST	向指定资源提交数据进行处理请求（例如提交表单或者上传文件）。数据被包含在请求体中。POST 请求可能会导致新的资源的建立或已有资源的修改
HEAD	类似于 GET 请求，只不过返回的响应中没有具体的内容，用于获取报头
PUT	从客户端向服务器传送的数据取代指定文档的内容
DELETE	请求服务器删除指定的页面
TRACE	请求服务器返回收到的请求信息，主要用于测试或诊断
CONNECT	HTTP/1.1 协议中预留给能够将连接改为管道方式的代理服务器
OPTIONS	请求查询服务器的性能，或者查询与资源相关的选项和需求

3．响应状态码

当浏览器接收并显示网页前，此网页所在的服务器会返回一个包含 HTTP 状态码的信息头（Server Header）用以响应浏览器的请求。

HTTP 状态码共分为五种类型：

◎ 1**：信息，服务器收到请求，需要请求者继续执行操作。

◎ 2**：成功，操作被成功接收并处理。

◎ 3**：重定向，需要进一步的操作以完成请求。

◎ 4**：客户端错误，请求包含语法错误或无法完成请求。

◎　5**：服务器错误，服务器在处理请求的过程中发生了错误。

常见状态代码和状态说明：

◎　200 OK：请求成功。一般用于 GET 与 POST 请求。
◎　302 Fund：临时移动。资源只是临时被移动，客户端应继续使用原有 URI。
◎　400 Bad Request：客户端请求有语法错误，不能被服务器所理解。
◎　401 Unauthorized：请求要求用户的身份认证。
◎　403 Forbidden：服务器理解请求客户端的请求，但是拒绝执行此请求。
◎　404 Not Found：服务器无法根据客户端的请求找到资源。
◎　500 Internal Server Error：服务器内部错误，无法完成请求。
◎　503 Server Unavailable：由于超载或系统维护，服务器暂时无法处理客户端请求。

4．请求头信息与响应头信息

HTTP 头信息如图 8.7 所示。

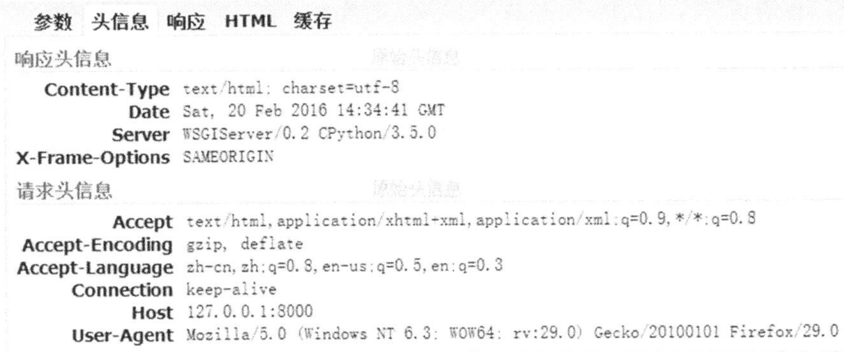

图 8.7　HTTP 头信息

（1）请求头信息

请求报头允许客户端向服务器端传递请求的附加信息以及客户端自身的信息。常用的请求报头如下：

◎　Accept：浏览器可接受的 MIME 类型。
◎　Accept-Encoding：浏览器能够进行解码的数据编码方式，比如 gzip。
◎　Accept-Language：浏览器所希望的语言种类，当服务器能够提供一种以上的语言版本时会用到。

◎ Connection：表示是否需要持久连接。从 HTTP/1.1 起，默认都开启了 Keep-Alive，保持连接特性。
◎ Host：初始 URL 中的主机和端口，它通常是从 HTTP URL 中提取出来的。
◎ User-Agent：请求报头域允许客户端将它的操作系统、浏览器和其他属性告诉服务器。

（2）响应头信息

响应报头允许服务器传递不能放在状态行中的附加响应信息，以及关于服务器的信息和对 Request-URI 所标识的资源进行下一步访问的信息。常用的响应报头如下：

◎ Content-Type：表示后面的文档属于哪种 MIME 类型。
◎ Date：当前的 GMT（国际时）时间。
◎ Server：包含了服务器用来处理请求的软件信息。

X-Frame-Options：用来给浏览器指示允许一个页面可否在 <frame>、<iframe> 或者 <object> 中展现的标记。网站可以使用此功能，来确保自己网站的内容没有被嵌到别人的网站中去，从而也避免了点击劫持 （click jacking）的攻击。

8.2.2 JSON 格式

JSON（JavaScript Object Notation，即 JavaScript 对象表示法）是一种轻量级的数据交换格式。它独立于语言和平台，JSON 解析器和 JSON 库支持不同的编程语言。JSON 具有自我描述性，很容易理解。

JSON 数据格式：

```
{
  "employees": [
    { "firstName":"Bill" , "lastName":"Gates" },
    { "firstName":"George" , "lastName":"Bush" },
    { "firstName":"Thomas" , "lastName":"Carter" }
  ]
}
```

JSON 语法是 JavaScript 对象表示法语法的子集：

◎ 数据在名称/值对中。
◎ 数据由逗号分隔。
◎ 花括号保存对象。

◎　方括号保存数组。

8.3　开发系统 Web 接口

关于 Web 接口的基础知识已经补充得差不多了。接下来和我一起动手开发发布会签到系统相关的 Web 接口吧。

8.3.1　配置接口路径

开发 Web 接口的访问方式与开发系统的访问方式相同，为了进行区分，这里设置 Web 接口的根目录为“/api/”，通过二级目录表示实现具体功能的接口。

例如：

http://127.0.0.1:8000/api/add_event/　　表示添加发布会接口

http://127.0.0.1:8000/api/get_event_list/　表示查询发布会接口

打开.../guest/urls.py 文件，添加接口根路径“/api/”。

urls.py

```
from django.conf.urls import url, include
……

urlpatterns = [
   ……
   url(r'^api/', include('sign.urls', namespace="sign")),
]
```

在 sign 应用下创建 urls.py 文件，即.../sign/urls.py，用来配置具体接口的二级目录。

urls.py

```
from django.conf.urls import url
from sign import views_if
```

```
urlpatterns = [
    # sign system interface:
    # ex : /api/add_event/
    # url(r'^add_event/', views_if.add_event, name='add_event'),
    # ex : /api/add_guest/
    # url(r'^add_guest/', views_if.add_guest, name='add_guest'),
    # ex : /api/get_event_list/
    # url(r'^get_event_list/', views_if.get_event_list,
name='get_event_list'),
    # ex : /api/get_guest_list/
    # url(r'^get_guest_list/', views_if.get_guest_list,
name='get_guest_list'),
    # ex : /api/user_sign/
    # url(r'^user_sign/', views_if.user_sign, name='user_sign'),
]
```

首先，为了避免 Web 接口代码与 views.py 文件中的系统功能代码混在一起，因此需要重新在 sign 应用下创建 views_if.py 文件，即.../sign/views_if.py 文件，用于 Web 接口的开发。

其次，这里定义的接口路径暂时还未实现，当启动项目时会引起报错，所以，需要将它们先全部注释起来。接下来每开发一个接口，这里就去掉一个接口的注释，直到所有接口开发完成。

8.3.2 添加发布会接口

打开.../sign/views_if.py 文件，开发添加发布会接口。

views_if.py

```
from django.http import JsonResponse
from sign.models import Event
from django.core.exceptions import ValidationError

# 添加发布会接口
def add_event(request):
    eid = request.POST.get('eid','')                  # 发布会 id
    name = request.POST.get('name','')                # 发布会标题
    limit = request.POST.get('limit','')              # 限制人数
    status = request.POST.get('status','')            # 状态
```

```
    address = request.POST.get('address','')                # 地址
    start_time = request.POST.get('start_time','')          # 发布会时间

    if eid == '' or name == '' or limit == '' or address == '' or start_time ==
'':
        return JsonResponse({'status':10021,'message':'parameter error'})

    result = Event.objects.filter(id=eid)
    if result:
        return JsonResponse({'status':10022,'message':'event id already
exists'})

    result = Event.objects.filter(name=name)
    if result:
        return JsonResponse({'status':10023,
                             'message':'event name already exists'})

    if status == '':
        status = 1

    try:
        Event.objects.create(id=eid,name=name,limit=limit,address=address,
                             status=int(status),start_time=start_time)
    except ValidationError as e:
        error = 'start_time format error. It must be in YYYY-MM-DD HH:MM:SS
format.'
        return JsonResponse({'status':10024,'message':error})

    return JsonResponse({'status':200,'message':'add event success'})
```

通过 POST 请求接收发布会参数：发布会 id（eid）、名称（name）、人数（limit）、状态（status）、地址（address）和时间（start_time）等参数。

❶ 判断 eid、 name、limit、address、start_time 等字段均不能为空，否则 JsonResponse()返回相应的状态码和提示。JsonResponse()是一个非常有用的类，它可以将字典转化成 JSON 格式返回给客户端。

❷ 分别判断发布会 id（eid）和名称（name）是否存在；如果存在则说明添加数据重复，需返回相应的状态码和提示信息。

❸ 因为发布会状态不是必传字段，所以判断如果为空，则将状态设置为 1（True），即为开启状态。

❹ 将数据插入 Event 表，在插入的过程中如果日期格式错误，则抛出 ValidationError 异常，异常处理接收该异常并返回相应的状态和提示，否则，插入成功，返回状态码 200 和“add event success”的提示。

8.3.3 查询发布会接口

在.../sign/views_if.py 文件中开发查询发布会接口。

views_if.py

```
……
from django.core.exceptions import ValidationError, ObjectDoesNotExist

……
# 查询发布会接口
def get_event_list(request):
    eid = request.GET.get("eid", "")      #发布会 id
    name = request.GET.get("name", "")    #发布会名称

    if eid == '' and name == '':
        return JsonResponse({'status':10021,'message':'parameter error'})

    if eid != '':
        event = {}
        try:
            result = Event.objects.get(id=eid)
        except ObjectDoesNotExist:
            return JsonResponse({'status':10022, 'message':'query result is
empty'})
        else:
            event['name'] = result.name
            event['limit'] = result.limit
            event['status'] = result.status
            event['address'] = result.address
            event['start_time'] = result.start_time
            return JsonResponse({'status':200, 'message':'success',
'data':event})
```

```
    if name != '':
        datas = []
        results = Event.objects.filter(name__contains=name)
        if results:
            for r in results:
                event = {}
                event['name'] = r.name
                event['limit'] = r.limit
                event['status'] = r.status
                event['address'] = r.address
                event['start_time'] = r.start_time
                datas.append(event)
            return JsonResponse({'status':200, 'message':'success',
'data':datas})
        else:
            return JsonResponse({'status':10022, 'message':'query result is
empty'})
```

通过 GET 请求接收发布会 id（eid）和发布会名称（name）。两个参数都为可选项，但不能同时为空，否则接口返回状态码 10021 和“parameter error”错误提示。

如果发布会 id（eid）不为空，则优先使用发布会 id 查询，因为 id 具有唯一性，所以，查询结果只会有一条。将查询结果以字典的形式存放到定义的 event 中，并将 event 作为接口返回字典中 data 对应的值。

发布会名称（name）为模糊查询，查询数据可能会有多条，返回的数据格式会稍显复杂；首先将查询的每一条数据放到一个 event 字典中，再把每个 event 字典放到 datas 数组中，最后将整个 datas 数组作为接口返回字典中 data 对应的值。

8.3.4 添加嘉宾接口

在.../sign/views_if.py 文件中开发添加嘉宾接口。

views_if.py

```
……
from sign.models import Event, Guest
from django.db.utils import IntegrityError
import time
```

```
......

# 添加嘉宾接口
def add_guest(request):
    eid = request.POST.get('eid','')                    # 关联发布会 id
    realname = request.POST.get('realname','')          # 姓名
    phone = request.POST.get('phone','')                # 手机号
    email = request.POST.get('email','')                # 邮箱

    if eid =='' or realname == '' or phone == '':
        return JsonResponse({'status':10021,'message':'parameter error'})

    result = Event.objects.filter(id=eid)
    if not result:
        return JsonResponse({'status':10022,'message':'event id null'})

    result = Event.objects.get(id=eid).status
    if not result:
        return JsonResponse({'status':10023,
                             'message':'event status is not available'})

    event_limit = Event.objects.get(id=eid).limit     # 发布会限制人数
    guest_limit = Guest.objects.filter(event_id=eid)  # 发布会已添加的嘉宾数

    if len(guest_limit) >= event_limit:
        return JsonResponse({'status':10024,'message':'event number is full'})

    event_time = Event.objects.get(id=eid).start_time     # 发布会时间
    etime = str(event_time).split(".")[0]
    timeArray = time.strptime(etime, "%Y-%m-%d %H:%M:%S")
    e_time = int(time.mktime(timeArray))

    now_time = str(time.time())         # 当前时间
    ntime = now_time.split(".")[0]
    n_time = int(ntime)

    if n_time >= e_time:
        return JsonResponse({'status':10025,'message':'event has started'})

    try:
        Guest.objects.create(realname=realname,phone=int(phone),email=email,
```

```
                                 sign=0,event_id=int(eid))
    except IntegrityError:
        return JsonResponse({'status':10026,
                             'message':'the event guest phone number repeat'})

    return JsonResponse({'status':200,'message':'add guest success'})
```

通过 POST 请求接嘉宾参数：关联发布会 id（eid）、姓名（realname）、手机号（phone）和邮箱（email）等参数。

❶ 判断 eid、realname、phone 等参数均不为空。

❷ 判断嘉宾关联的发布会 id（eid）是否存在，以及关联的发布会状态是否为 True（即 1）。如果不为 True，则说明当前为关闭状态，返回相应的状态码和提示信息。

❸ 判断当前时间是否大于发布会时间，如果大于则说明发布已开始，或者早已经结束。那么该发布会就不能再添加嘉宾了。

❹ 插入嘉宾数据，如果手机号（phone）已存在，则抛出 IntegrityError 异常，接收该异常并返回相应的状态码和提示信息。如果插入成功，则返回状态码 200 和“add guest success”的提示。

8.3.5 查询嘉宾接口

继续在.../sign/views_if.py 文件中开发查询嘉宾接口。

views_if.py

```
……
# 嘉宾查询接口
def get_guest_list(request):
    eid = request.GET.get("eid", "")          # 关联发布会 id
    phone = request.GET.get("phone", "")      # 嘉宾手机号

    if eid == '':
        return JsonResponse({'status':10021,'message':'eid cannot be empty'})

    if eid != '' and phone == '':
```

```
        datas = []
        results = Guest.objects.filter(event_id=eid)
        if results:
            for r in results:
                guest = {}
                guest['realname'] = r.realname
                guest['phone'] = r.phone
                guest['email'] = r.email
                guest['sign'] = r.sign
                datas.append(guest)
            return JsonResponse({'status':200, 'message':'success',
'data':datas})
        else:
            return JsonResponse({'status':10022, 'message':'query result is
empty'})

    if eid != '' and phone != '':
        guest = {}
        try:
            result = Guest.objects.get(phone=phone,event_id=eid)
        except ObjectDoesNotExist:
            return JsonResponse({'status':10022, 'message':'query result is
empty'})
        else:
            guest['realname'] = result.realname
            guest['phone'] = result.phone
            guest['email'] = result.email
            guest['sign'] = result.sign
            return JsonResponse({'status':200, 'message':'success',
'data':guest})
```

查询嘉宾接口与查询发布会接口相似，只是参数与查询条件的判断有所不同，这里不再解释。

8.3.6 发布会签到接口

最后，在.../sign/views_if.py 文件中开发发布会签到接口。

views_if.py

```
......

# 嘉宾签到接口
def user_sign(request):
    eid = request.POST.get('eid','')         # 发布会 id
    phone = request.POST.get('phone','')     # 嘉宾手机号

    if eid =='' or phone == '':
        return JsonResponse({'status':10021,'message':'parameter error'})

    result = Event.objects.filter(id=eid)
    if not result:
        return JsonResponse({'status':10022,'message':'event id null'})

    result = Event.objects.get(id = eid).status
    if not result:
        return JsonResponse({'status':10023,
                                'message':'event status is not available'})

    event_time = Event.objects.get(id=eid).start_time     # 发布会时间
    etime = str(event_time).split(".")[0]
    timeArray = time.strptime(etime, "%Y-%m-%d %H:%M:%S")
    e_time = int(time.mktime(timeArray))

    now_time = str(time.time())        # 当前时间
    ntime = now_time.split(".")[0]
    n_time = int(ntime)

    if n_time >= e_time:
        return JsonResponse({'status':10024,'message':'event has started'})

    result = Guest.objects.filter(phone = phone)
    if not result:
        return JsonResponse({'status':10025,'message':'user phone null'})

    result = Guest.objects.filter(event_id=eid,phone=phone)
    if not result:
        return JsonResponse({'status':10026,
```

```
                                'message':'user did not participate in the
conference'})

    result = Guest.objects.get(event_id=eid,phone = phone).sign
    if result:
        return JsonResponse({'status':10027,'message':'user has sign in'})
    else:
        Guest.objects.filter(event_id=eid,phone=phone).update(sign='1')
        return JsonResponse({'status':200,'message':'sign success'})
```

签到接口通过 POST 请求接收发布会 id（eid）和嘉宾手机号（phone）。

签到接口的判断条件相对比较多。

❶ 判断发布会 id（eid）和嘉宾手机号（phone）两个参数均不能为空。

❷ 通过查询发布会表判断发布会 id（eid）是否存在，如果不存在，则返回相应的状态码和提示信息。再判断发布会状态是否为 True，如果不为 True，则说明发布会状态当前未开启，返回相应的状态码和提示信息。

❸ 判断当前时间是否大于发布会时间，如果大于则说明发布会已经开始，不允许签到。

❹ 再判断嘉宾的手机号是否存在，如果不存在，则返回相应的状态码和提示信息。

❺ 判断嘉宾的手机号与发布会 id 是否为对应关系，如果不是对应关系，则返回相应的状态码和提示信息。

❻ 判断该嘉宾的状态是否为已签到。如果已签到，则返回相应的状态码和提示。如果未签到，则修改状态为已签到，并返回状态码 200 和“sign success”的提示。

8.4 编写 Web 接口文档

编写接口文档是接口开发中非常重要的一个环节，因为开发的接口是给其他开发人员调用的，那么如何知道接口是怎么调用的呢？当然需要通过参考接口文档了。那么接口文档就必须要做到更新及时，内容准确。

1. 添加发布会接口（如表 8.2 所示）

表 8.2　发布会接口

名称	添加发布会
描述	添加发布会
URL	http://127.0.0.1:8000/api/add_event/
调用方法	POST
传入参数	eid　# 发布会 id name　# 发布会标题 limit　# 限制人数 status　# 状态（非必填） address　# 地址 start_time　# 发布会时间（格式：2016-08-10 12:00:00）

返回值	{
	'status':200,
	'message':'add event success'
	}

状态码	10021: parameter error 10022: event id already exists 10023: event name already exists 10024: start_time format error. It must be in YYYY-MM-DD HH:MM:SS format. 200: add event success
说明	

2. 查询发布会接口（如表 8.3 所示）

表 8.3　查询发布会接口

名称	查询发布会接口
描述	查询发布会接口
URL	http://127.0.0.1:8000/api/get_event_list/
调用方法	GET
传入参数	eid　#发布会 id name　#发布会名称

返回值	{
	"data": {
	"start_time": "2016-12-10T14:00:00",

续表

返回值	"name": "小米手机 6 发布会", "limit": 2000, "address": "北京水立方", "status": true }, "message": "success", "status": 200 }
状态码	10021: parameter error 10022: query result is empty 200: success
说明	eid 或 name 两个参数二选一

3．添加嘉宾接口（如表 8.4 所示）

表 8.4 添加嘉宾接口

名称	添加嘉宾接口	
描述	添加嘉宾接口	
URL	http://127.0.0.1:8000/api/add_guest/	
调用方式	POST	
传入参数	eid realname phone email	# 关联发布会 id # 姓名 # 手机号 # 邮箱

返回值	{
	'status':200,
	'message':'add guest success'
	}	

状态码	10021: parameter error 10022: event id null 10023: event status is not available 10024: event number is full 10025: event has started 10026: the event guest phone number repeat 200: add guest success	
说明		

4. 查询嘉宾接口（如表 8.5 所示）

表 8.5　查询嘉宾接口

<table>
<tr><td>名称</td><td>查询嘉宾接口</td></tr>
<tr><td>描述</td><td>查询嘉宾接口</td></tr>
<tr><td>URL</td><td>http://127.0.0.1:8000/api/get_guest_list/</td></tr>
<tr><td>调用方法</td><td>GET</td></tr>
<tr><td>传入参数</td><td>eid　　# 关联发布会 id
phone　　# 嘉宾手机号</td></tr>
<tr><td>返回值</td><td>{
"data": [
{
"email": "david@mail.com",
"phone": "13800110005",
"realname": "david",
"sign": false
},
{
"email": "david@mail.com",
"phone": "13800110005",
"realname": "david",
"sign": false
},
{
"email": "david@mail.com",
"phone": "13800110005",
"realname": "david",
"sign": false
}
],
"message": "success",
"status": 200
}</td></tr>
<tr><td>状态码</td><td>10021: eid cannot be empty
10022: query result is empty
200: success</td></tr>
<tr><td>说明</td><td></td></tr>
</table>

5. 布会签到接口（如表 8.6 所示）

表 8.6　发布会签到接口

名称	发布会签到接口
描述	发布会签到接口
URL	http://127.0.0.1:8000/api/user_sign/
调用方法	GET
传入参数	eid　　# 发布会 id phone　　# 嘉宾手机号

返回值	{
	'status':200,
	'message':'sign success'
	}

状态码	10021: parameter error 10022: event id null 10023: event status is not available 10024: event has started 10025: user phone null 10026: user did not participate in the conference 10027: user has sign in 200: sign success
说明	

接口文档的形式多种多样，通过 Word 文档管理只是其中一种形式。

第 9 章

接口测试工具介绍

用于接口测试的工具非常多，在开始介绍接口测试工具之前，先把接口工具分一下类。

接口测试工具：这类工具提供的功能相对比较简单，可以模拟和发送 HTTP 请求，并显示返回接口数据。例如 HttpRequester、Postman 等。

接口自动化测试工具：相比接口测试工具，功能更加强大，一般提供用例的批量执行、接口返回结果的断言以及测试报告的生成等，如 JMeter、Robot Framework、soapUI 等。

接口性能测试工具：主要用于测试接口的性能测试，验证接口处理并发的能力。如 JMeter、LoadRunner、soapUI 等工具。

如果你拿到本书后直接翻到了这一章来学习接口工具，那么可能会有一点小麻烦，也会有一点小失望。麻烦的原因在于，接下来介绍接口测试工具所调用的接口全部是在第 8 章中开发的，要想开发出第 8 章的接口，你至少要从这本书的第 2 章学起。失望的原因是我并没有对这些接口工具作全面的介绍，因为这不是本书的重点，我并不想写一本介绍接口测试工具的书。

但是你仍然可以从本章中学到当前主流的几款接口测试工具的使用。Postman 是应用非常广泛的接口测试工具之一；JMeter 是一款非常流行的开源性能测试工具，不过本章会拿它来做接口测试；而 Robot Framework 几乎是一款万能的自动化测试框架，它支持各种类型的自动化测试，当然也包括接口测试。

9.1 Postman 测试工具

Postman 是一款功能强大的网页调试与发送网页 HTTP 请求的 Chrome 插件。

Postman 官方网站：http://www.getpostman.com/

安装过程比较简单，这里不再介绍。单击 Chrome 浏览器右上角菜单栏“更多工具”→“扩展程序”。如图 9.1 所示，说明 Postman 已经安装完成。

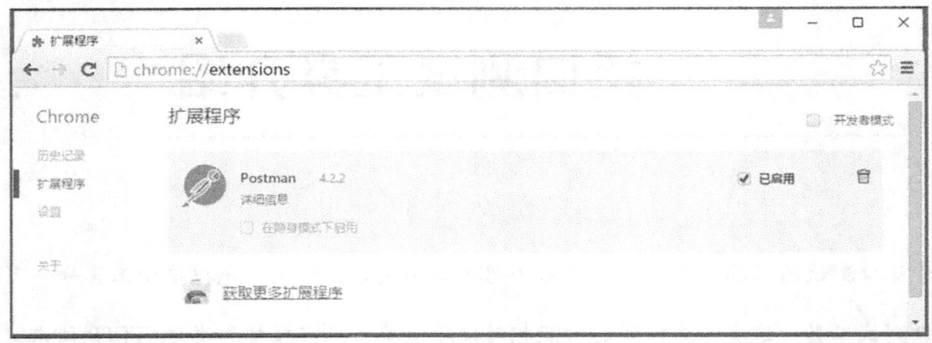

图 9.1　Postman 扩展程序

接下来在 Windows 系统开始菜单中搜索 Postman 应用并打开。图 9.2 为 Postman 应用主界面。

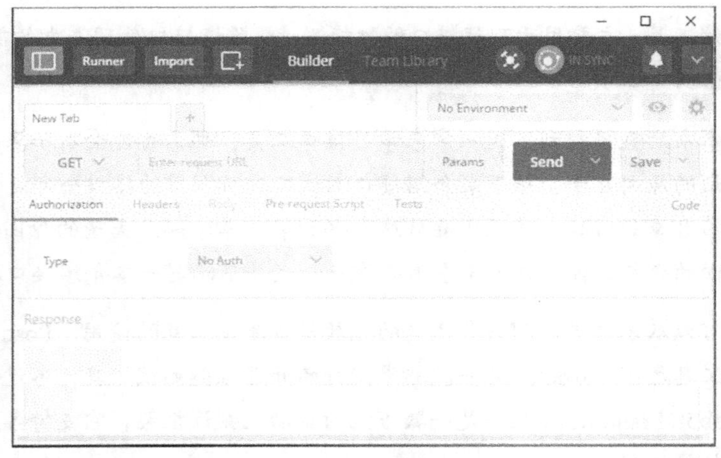

图 9.2　Postman 应用主界面

参考本书第 8.4 节的接口文档，发送 GET 请求，调用查询发布会接口：

http://127.0.0.1:8000/api/get_event_list/?eid=1

如图 9.3 所示，选择“GET”请求，查询发布会 id（eid）为 1 的发布会信息。

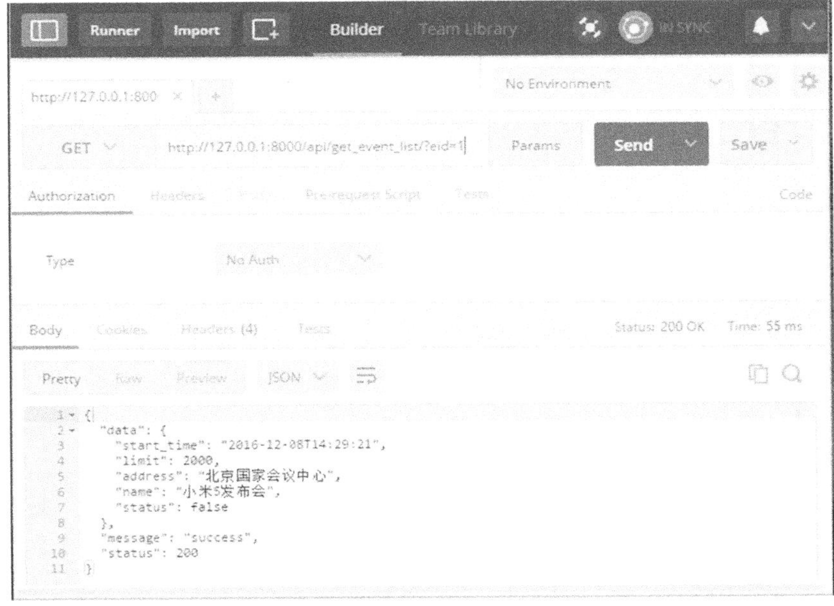

图 9.3　发送 GET 请求

发送 POST 请求，添加发布会信息：

http://127.0.0.1:8000/api/add_event/

如图 9.4 所示，选择“POST”请求，接口参数需要在 Body 标签中添加。根据接口文档，参数如下：

eid：11　　# 发布会 id

name：小米 MAX 发布会　　# 发布会标题

limit：2000　　# 限制人数

status：1　　# 状态（非必填）

address：北京会展中心　　# 地址

start_time：2016-12-12 12:00:00　　# 发布会时间

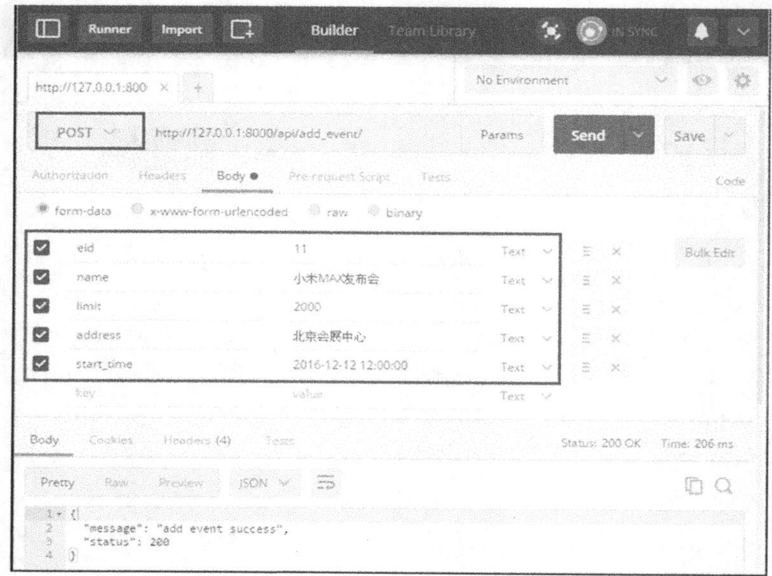

图 9.4　Postman 发送 POST 请求

Postman 支持不同的认证机制（Basic、Digest、OAuth 等），支持接收到的响应语法高亮（HTML、JSON、XML 等）。Postman 还能够保留历史请求、支持查询结果的断言等功能。

9.2 JMeter 测试工具

Apache JMeter 是 Apache 组织开发的基于 Java 的压力测试工具。用于对软件做压力测试，它最初被设计用于 Web 应用测试，后来才扩展到其他测试领域。

对于 JMeter，大多数测试人员的第一印象应该是性能测试工具。实际上对于 Web 页面调用和 Web 接口的调用本质是一样的，所以 JMeter 当然可以用来测试 Web 接口。

9.2.1 安装 JMeter

JMeter 官方网址：http://jmeter.apache.org/

JMeter 由 Java 语言开发，最新的 JMeter 3.0 版本的运行需要有 Java 7 或以上版本的环境，关于 Java 环境的安装请参考其他资料。

当 JMeter 下载完成后，将 apache-jmeter-3.0.zip 文件解压，进入解压目录.../apache-jmeter-

3.0/bin/。双击 ApacheJMeter.jar 文件启动 JMeter，如图 9.5 所示。

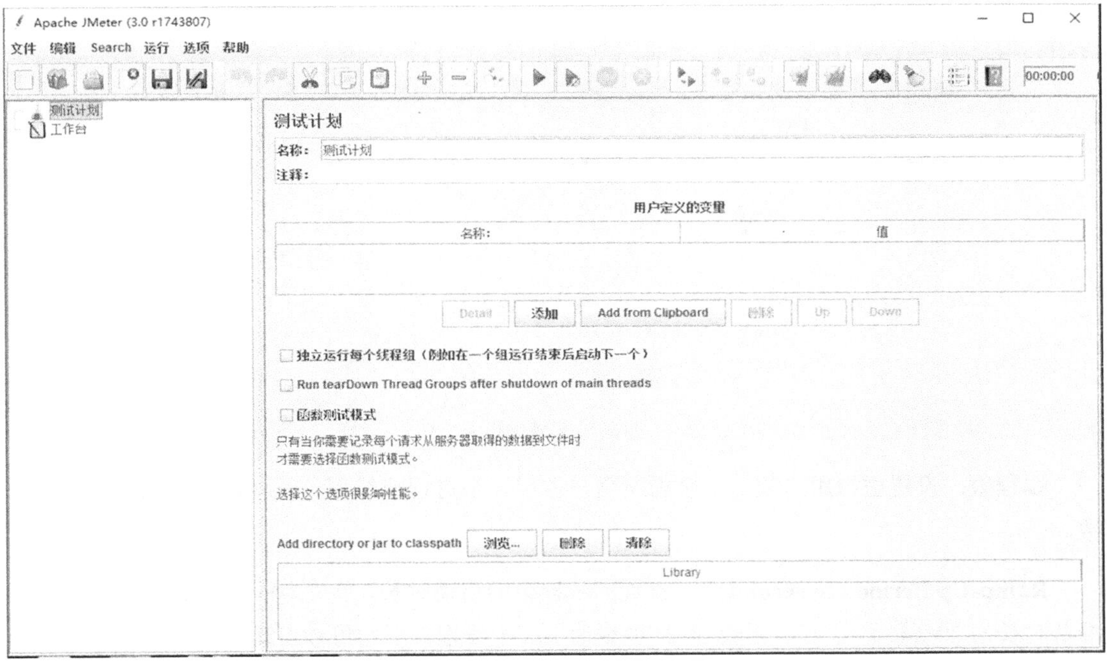

图 9.5　JMeter 程序界面

9.2.2　创建测试任务

在 JMeter 中，任何类型的测试都需要先创建线程组，一个线程组可以看作是一个测试任务。

添加线程组，如图 9.6 所示。右击“测试计划”，在快捷菜单中单击“添加”→“Threads(Users)”→“线程组”。

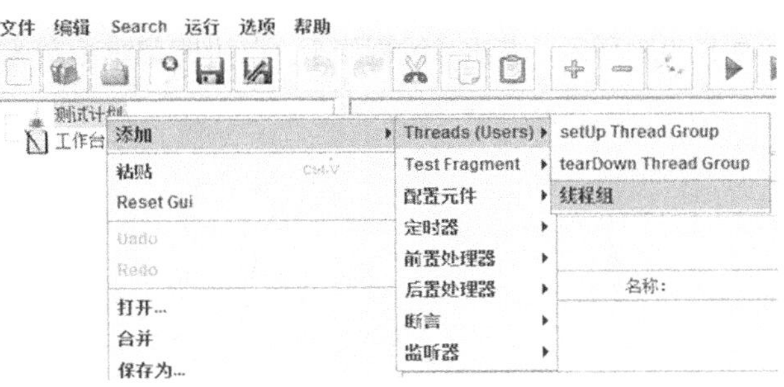

图 9.6　添加线程组

设置线程组，如图 9.7 所示。线程组主要包含三个参数：线程数、Ramp-Up Period（in seconds）、循环次数。

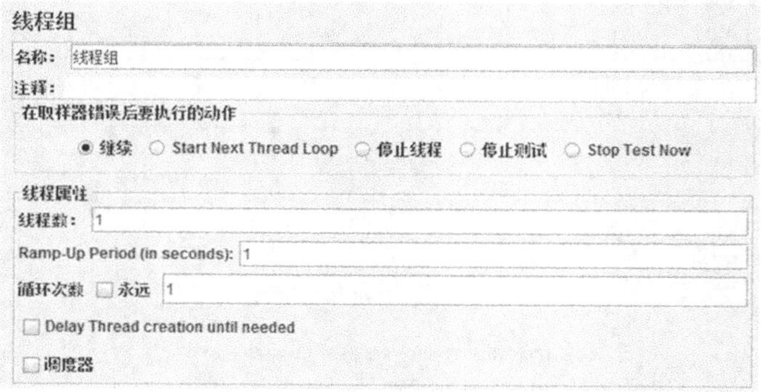

图 9.7　设置线程组

线程数：设置虚拟用户数。一个虚拟用户占用一个进程或线程。线程数就相当于虚拟用户数。

Ramp-Up Period（in seconds）：设置的线程数的启动时长，单位为秒。如果线程数为 100，准备时长为 20（秒），那么需要 20 秒钟启动 100 个线程，平均每秒启动 5 个线程。

循环次数：每个线程发送请求的个数。如果线程数为 100，循环次数为 2，那么每个线程发送 2 次请求。总请求数为 100*2=200（次）。如果勾选了“永远”复选框，那么所有线程会循环发送请求，直到手动单击工具栏上的停止按钮，或者设置的线程运行时间结束才会停止运行。

因为我们要做的是接口测试，所以将各个参数都设置为 1，表示为 1 个线程，1 秒启动，运行 1 次。

添加 HTTP 请求，如图 9.8 所示。右击“线程组”，在快捷菜单中单击“添加”→“Sampler”→“HTTP 请求”。

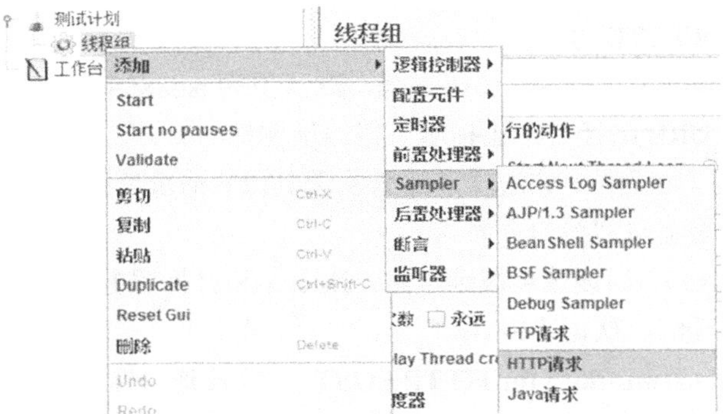

图 9.8　添加 HTTP 请求

设置 HTTP 请求，如图 9.9 所示。

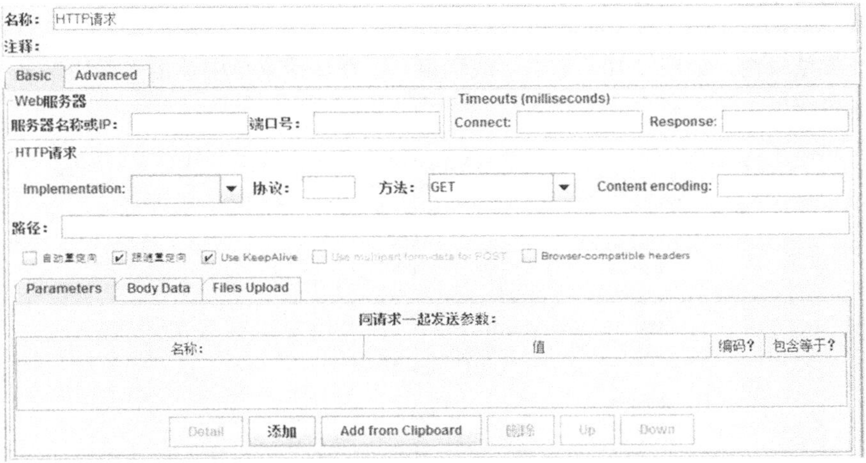

图 9.9　设置 HTTP 请求

HTTP 请求设置主要包含以下选项。

◎　**名称：**本属性用于标识一个 HTTP 请求的取样器，建议使用一个有意义的名称。

◎　**注释：**对于测试没有任何影响，仅用于注释当前 HTTP 请求的说明。

◎　**服务器名称或 IP：**HTTP 请求发送的目标服务器名称或 IP 地址。

◎　**端口号：**目标服务器的端口号，默认值为 80 。

◎　**协议：**向目标服务器发送 HTTP 请求时的协议，可以是 HTTP 或者 HTTPS，默认不填为 HTTP。

◎　**方法：**发送 HTTP 请求的方法，可用方法包括 GET、POST、HEAD、PUT、OPTIONS、

TRACE 和 DELETE 等。

◎ **Content encoding**：内容的编码方式，默认值为 iso8859。

◎ **路径**：目标 URL 路径（不包括服务器地址和端口）。

◎ **自动重定向**：如果选中该选项，那么发送 HTTP 请求后得到的响应就是 302/301 时，JMeter 自动重定向到新的页面。

◎ **Use keep Alive**：当该选项被选中时，JMeter 和目标服务器之间使用 Keep-Alive 方式进行 HTTP 通信，默认选中。

◎ **Use multipart/from-data for HTTP POST**：当发送 HTTP 的 POST 请求时，使用 Use multipart/from-data 方法发送，默认不选中。

◎ **同请求一起发送参数**：在请求中发送 URL 参数，对于带参数的 URL，JMeter 提供了一个简单的参数化方法。用户可以将 URL 中的所有参数都设置在该表格中，表格的每一行是一个参数值。

添加查看结果树，如图 9.10，右击“线程组”，在快捷菜单中单击“添加”→“监听器”→“察看结果树”。

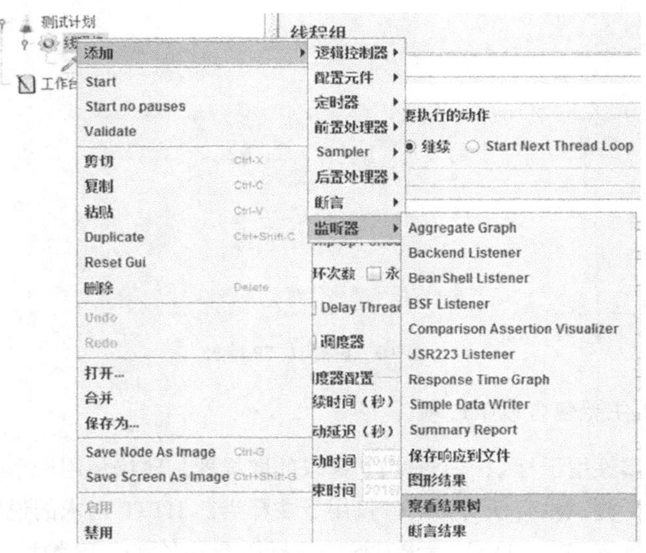

图 9.10　添加察看结果树

察看结果树为 JMeter 提供的常用监控器之一，用于显示每个请求的服务器响应结果。其中，Text 窗口显示请求对象，取样器结果窗口用于显示服务器响应信息，如图 9.11 所示。

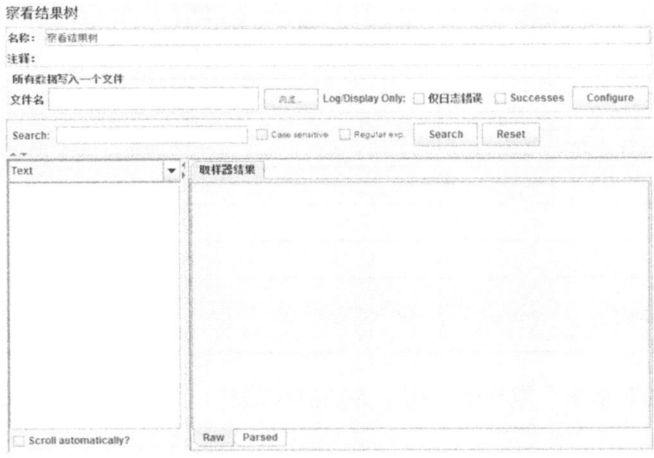

图 9.11　察看结果树

9.2.3　添加接口测试

关于 HTTP 请求取样器参数配置已经大致了解，接下来分别添加基于 GET/POST 请求的接口测试用例。

首先，测试查询嘉宾信息接口，添加一个 HTTP 请求取样器，如图 9.12 所示。

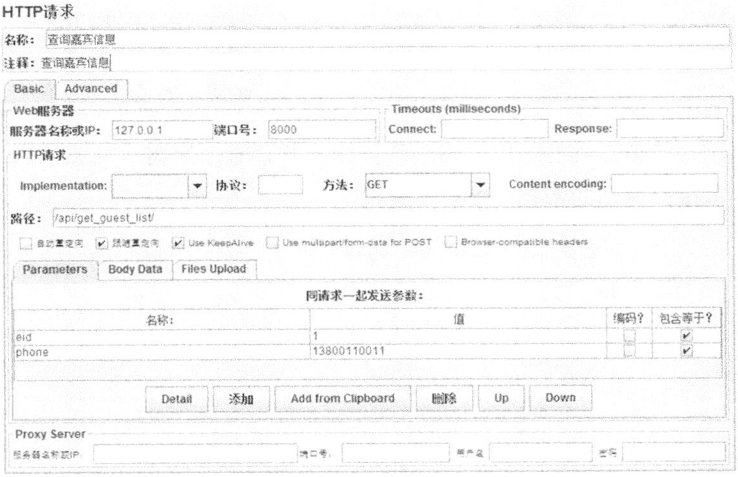

图 9.12　设置 GET 请求

查询嘉宾信息，填写选项如表 9.1 所示。

表 9.1 查询嘉宾信息

选　　项	参　　数
名称	查询嘉宾信息
服务器名称或 IP	127.0.0.1
端口	8000
方法	GET
路径	/api/get_guest_list/
Parameters	eid：1 phone：13800110011

再次添加“HTTP 请求”取样器，用于添加嘉宾信息，填写选项如表 9.2 所示。

表 9.2　添加嘉宾信息

选　　项	参　　数
名称	添加嘉宾信息
服务器名称或 IP	127.0.0.1
端口	8000
方法	POST
路径	/api/add_guest/
Parameters	eid：11 realname：david phone：13122002200 email：david@mail.com

执行接口测试，单击工具栏绿色“启动”按钮，并察看结果树，如图 9.13 所示。在“响应数据”标签页显示接口返回的数据。

图 9.13　察看结果树

9.2.4 添加断言

对于自动化测试来说，断言功能必不可少。当要测试的接口数量较多时，人工验证接口返回数据的方式不仅非常耗时，而且也容易出错。JMeter 提供了不同的断言策略来帮助我们完成这项工作。

添加断言，如图 9.14 所示。右击“获取嘉宾信息”，在快捷菜单中单击“添加”→“断言”→“响应断言”。

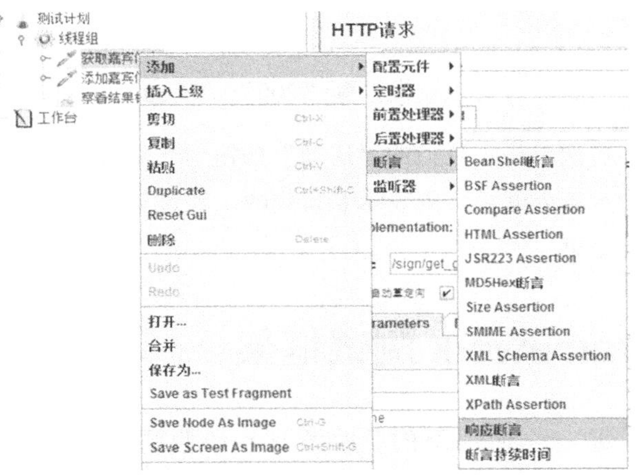

图 9.14 添加响应断言

响应断言界面如图 9.15 所示。

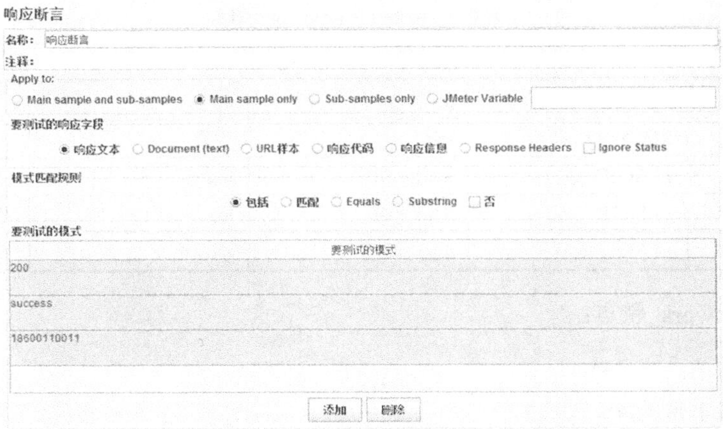

图 9.15 添加响应断言

◎ **要测试的响应字段**：包括响应文本、Document（text）、URL 样本、响应信息、Response Headers、Lgnore Staus 等选项。虽然当前测试接口返回的是 JSON 格式的数据，但对于 JMeter 来说，返回数据可以作为文本，所以，勾选“响应文本”。

◎ **模式匹配规则**：提供了包括、匹配、Equals、Substring 等选项。这里只需验证返回数据中是否包含主要的关键字，所以，勾选“包括”单选框。

◎ **要测试的模式**：其实就是要断言的数据。单击“添加”按钮，输入要断言的数据。

对于查询嘉宾接口的断言，可以添加模糊匹配“200”、“success”以及嘉宾手机号“13511001100”等信息。

对于添加嘉宾接口的断言，可以模糊匹配“200”、“add guest success”等信息。

添加断言完成后，再次单击工具栏的“启动”按钮运行测试，如果察看结果树中的请求为绿色，则表示断言成功，若为红色，则表示断言失败。通过工具栏的“全部清除”按钮可以清除察看结果树中的执行结果。

9.3 Robot Framework 测试框架

Robot Framework 是一个通用型的验收测试和验收测试驱动开发的自动化测试框架（ATDD）。它具有易于使用的表格来组织测试过程和测试数据。

我们可以像编写程序一样编写 Robot Framework 脚本，如表 9.3 所示。

表 9.3 Robot Framework 脚本

Robot Framework 脚本				
${a}	Set variable	59		
run keyword if	${a}>=90	log	优秀	
...	ELSE IF	${a}>=70	log	良好
...	ELSE IF	${a}>=60	log	及格
...	ELSE	log	不及格	

Robot Framework 特点：

◎ 使用简单。

◎ 有非常丰富的库。

◎ 可以像编程一样编写测试用例。

◎　支持开发系统关键字。

9.3.1　环境搭建

Robot Framework 基于 Python 语言开发，目前 Robot Framework 3.0 已经支持 Python 3，但是基于该框架的大多 Library 尚未完全支持 Python 3，好在用来做接口测试的 RequestsLibrary 已经对 Python 3 做了支持，所以，基于当前需求，我们可以在 Python 3 下使用 Robot Framework 进行接口自动化测试。

1．安装 Robot Framework 框架

Robot Framework 框架本身并不提供任何类型的测试，它只提供了作为自动化测试框架的基本功能，如用例的批量执行、测试报告的生成等，当然它也包含了一些基础库，用于脚本基本语法的编写。

PyPI 地址：https://pypi.python.org/pypi/robotframework

2．安装 Requests 库

Requests 库基于 Python 语言，用于模拟发送 HTTP 请求。robotframework-requests 的运行基于 Requests，所以，需要先安装 Requests。在本书的第 10 章会进一步介绍 Requests 库的使用。

PyPI 地址：https://pypi.python.org/pypi/requests

3．安装 robotframework-requests 库

robotframework-requests 即为 RequestsLibrary，基于 Robot Framework 和 Requests 提供 HTTP 接口测试。

PyPI 地址：https://pypi.python.org/pypi/robotframework-requests

接下来练习如何编写 Robot Framework 脚本。用什么 IDE 来编写脚本呢？如果你阅读过其他 Robot Framework 安装资料的话，也许会认为我所介绍的安装过程漏掉了 Robot Framework-RIDE（以下简称 RIDE）。是的！对于编写 Robot Framework 脚本来说，RIDE 几乎是必不可少的。然而它的角色依然只是一款 IDE，不使用它一样可以编写和运行 Robot Framework 脚本。这里之所以没有介绍 RIDE 的安装，主要原因是因为它目前尚未支持 Python 3。还不支持 Python 3 的原因是 RIDE 是基于 wxPython（该库是 Python 下非常有名的 GUI 库）开发的，而 wxPython 目前并不支持 Python 3，所以，RIDE 想支持 Python 3 就变得比较困难。

除了 RIDE 外，还可以用什么工具来编写 Robot Framework 脚本呢？Robot Framework 目前提供了各种主流编辑器的插件支持，如图 9.16 所示。

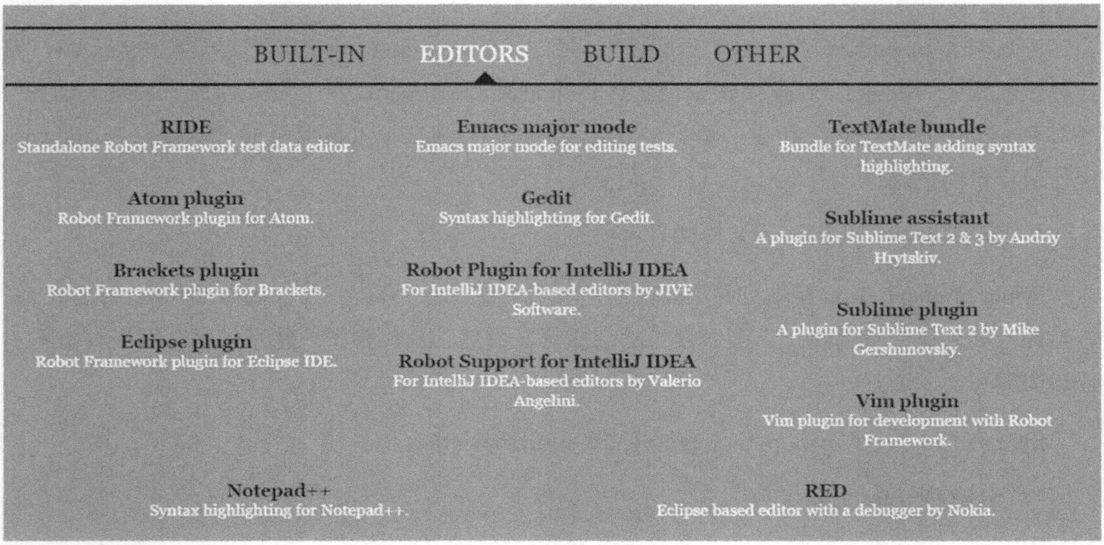

BUILT-IN EDITORS BUILD OTHER

RIDE Standalone Robot Framework test data editor.	**Emacs major mode** Emacs major mode for editing tests.	**TextMate bundle** Bundle for TextMate adding syntax highlighting.
Atom plugin Robot Framework plugin for Atom.	**Gedit** Syntax highlighting for Gedit.	**Sublime assistant** A plugin for Sublime Text 2 & 3 by Andriy Hrytskiv.
Brackets plugin Robot Framework plugin for Brackets.	**Robot Plugin for IntelliJ IDEA** For IntelliJ IDEA-based editors by JIVE Software.	**Sublime plugin** A plugin for Sublime Text 2 by Mike Gershunovsky.
Eclipse plugin Robot Framework plugin for Eclipse IDE.	**Robot Support for IntelliJ IDEA** For IntelliJ IDEA-based editors by Valerio Angelini.	**Vim plugin** Vim plugin for development with Robot Framework.
Notepad++ Syntax highlighting for Notepad++.		**RED** Eclipse based editor with a debugger by Nokia.

图 9.16 Robot Framework 提供的编辑器插件

你可以选择在自己熟悉的编辑器中安装相应的插件，介于本书第 1 章中介绍了 Sublime Text3，所以，这里我们选择 Sublime assistant 插件。

GitHub 地址：https://github.com/andriyko/sublime-robot-framework-assistant

克隆或下载插件代码到本地，将整个项目目录放复制到 Sublime Text3 的 Packages\目录下，然后，重新启动 Sublime Text3。

在 Sublime Text3 菜单栏单击“View”→“Syntax”→“Robot Framework syntax highlighting”，选择 Robot Framework 语法高亮，如图 9.17 所示。

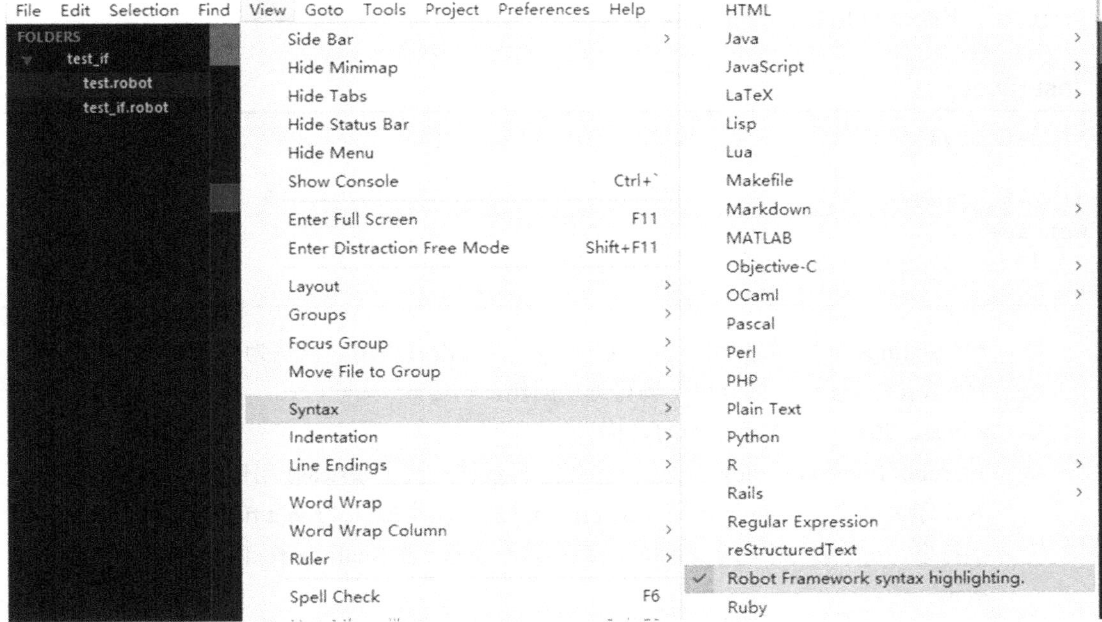

图 9.17　选择 Robot Framework 语法高亮

9.3.2　基本概念与用法

在 Robot Framework 框架中，一般将测试项目分为三层：Test Project、Test Suit 和 Test Case。

◎　Test Project：既可以创建成目录，也可以创建成文件。若创建成目录，则可以在它下面创建 Test Suit。若创建成文件，则只能在它下面创建 Test Case。

◎　Test Suit：同样可以创建成目录，或创建成文件。若创建成目录的话，则可以它下面创建子 Test Suit。若创建成文件的话，则只能在它下面创建 Test Case。子 Test Suit 同样又分为目录或文件。

◎　Test Case：Test case 只能创建在文件中。

一般情况下，你可以将 Test Project 和 Test Suit 分别对应为一个测试目录和一个测试文件。而 Test Case 就是测试文件中的一条用例。

Robot Framework 脚本文件一般以.robot 或 .txt 为后缀名，也可以使用.tsv 或.html 的后缀名。

接下来练习一下 Robot Framework 用例的编写与运行。

首先，创建测试目录 rf_test/ ，在该目录下创建 test.robot 文件。通过 Sublime Text3 打开文件，编写一个简单的 Robot Framework 脚本。

test.robot

```
*** Settings ***

*** Test Cases ***
testcase
    log    robot framework
```

◎ *** Settings ***　部分用于引用 Library，当前没有引用，默认为空。

◎ *** Test Cases ***　部分用于编写测试用例。

◎ testcase　顶格写，表示用例的名称。

◎ log robot framework：log 前面四个空格，表示该行属于 testcase 用例的一行语句，"log"为打印关键字，与 Python 语言的 print()方法作用类似，"robot framework"为打印的字符串，关键字与字符串之间的间距为四个空格。在 Sublime Text3 中的显示如图 9.18 所示。

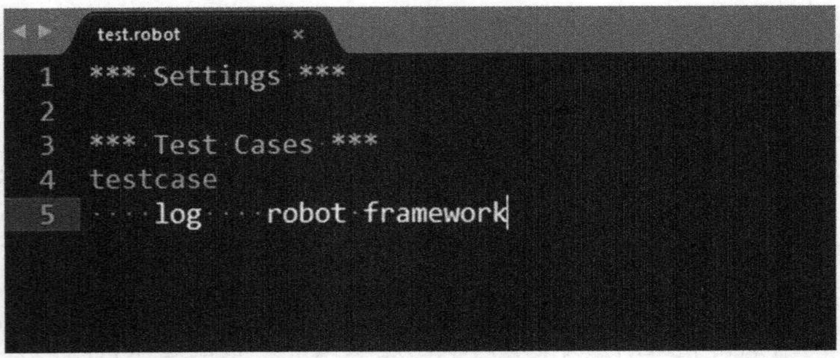

图 9.18　编写 Robot Framework 脚本

安装好 Robot Framework 框架之后，在 Python 安装目录的 Script/文件下会多出一个 pybot.bat 文件，并且确保"C:\Python35\Scripts\"目录已经添加到了环境变量 path 下面。接下来，打开 Windows 命令提示符，在任意目录下输入"pybot -h"命令回车。如果出现帮助信息，则说明 pybot 命令可用，如果提示"pybot 不是内部或外部命令"，请检查目录是否添加环境变量 path。

运行测试。

cmd.exe

```
...\rf_test>pybot test.robot
==============================================================================
===
Test
==============================================================================
===
testcase                                                              | PASS |
------------------------------------------------------------------------------
---
Test                                                                  | PASS |
1 critical test, 1 passed, 0 failed
1 test total, 1 passed, 0 failed
==============================================================================
===
Output:  D:\rf_test\output.xml
Log:      D:\rf_test\log.html
Report:  D:\rf_test\report.html
```

除了脚本运行过程中的打印信息外，Robot Framework 还生成了三个文件，分别为 output.xml、log.html 和 report.html。

output.xml 是以 XML 格式记录测试结果，阅读起来不够直观。我们可以使用不同的语言读取 XML 文件中的测试结果，生成定制化的测试报告。

log.html 和 report.html 相对来说要美观得多，log.html 偏向于测试日志，记录脚本每一步的执行情况。report.html 偏向于测试报告，总体展示测试用例的执行情况。通过浏览器打开 log.html 文件，如图 9.19 所示。

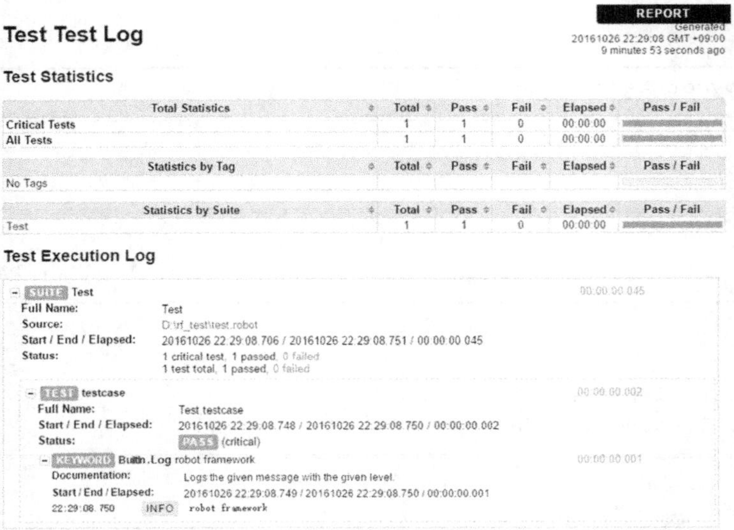

REPORT
Generated
20161026 22:29:08 GMT +09:00
9 minutes 53 seconds ago

Test Test Log

Test Statistics

Total Statistics	Total	Pass	Fail	Elapsed	Pass / Fail
Critical Tests	1	1	0	00:00:00	
All Tests	1	1	0	00:00:00	

Statistics by Tag	Total	Pass	Fail	Elapsed	Pass / Fail
No Tags					

Statistics by Suite	Total	Pass	Fail	Elapsed	Pass / Fail
Test	1	1	0	00:00:00	

Test Execution Log

- SUITE Test 00:00:00.045
  Full Name: Test
  Source: D:\rf_test\test.robot
  Start / End / Elapsed: 20161026 22:29:08.706 / 20161026 22:29:08.751 / 00:00:00.045
  Status: 1 critical test, 1 passed, 0 failed
  1 test total, 1 passed, 0 failed
  - TEST testcase 00:00:00.002
    Full Name: Test.testcase
    Start / End / Elapsed: 20161026 22:29:08.748 / 20161026 22:29:08.750 / 00:00:00.002
    Status: PASS (critical)
    - KEYWORD BuiltIn.Log robot framework 00:00:00.001
      Documentation: Logs the given message with the given level.
      Start / End / Elapsed: 20161026 22:29:08.749 / 20161026 22:29:08.750 / 00:00:00.001
      22:29:08.750 INFO robot framework

图 9.19 log.html 文件

最后，介绍几种“pybot”命令的运行测试用例的策略。

cmd.exe

```
...\rf_test> pybot test.robot       #运行指定文件
...\rf_test> pybot *.robot          #运行当前目录下以.robot 为后缀名的测试文件
...\rf_test> pybot test_a           #运行当前 test_a 目录下的所有用例
...\rf_test> pybot ./               #运行当前目录下的所有的测试文件
```

更多用法可以通过“pybot -h”命令查看帮助。

9.3.3 接口测试

Robot Framework 是一个通用型自动化测试框架，它本身只提供基础的测试功能。例如，测试用例的组织、运行、测试报告的生成以及一些标准库，如 Builtin、String、Screenshot、DataTime 和 Process 等。

在标准库 Builtin 中提供了最基本的关键字来实现打印，如变量定义、if 语句、for 循环等。Screenshot 库中提供了截图关键字；DataTime 库提供了关于时间操作的关键字。

当我们想要完成不同类型的测试时，只需安装不同的扩展 Library 就可以了。Robot Framework 提供了非常丰富的 Library。

- ◎ Web 自动化测试：SeleniumLibrary、Selenium2Library、Selenium2Library for Java、watir-robot 等。
- ◎ Windows GUI 测试：AutoItLibrary。
- ◎ 移动测试：Android library、iOS library、AppiumLibrary 等。
- ◎ 数据库测试：Database Library (Java)、Database Library (Python)、MongoDB library 等。
- ◎ 文件对比测试：Diff Library。
- ◎ HTTP 测试：HTTP library (livetest)、HTTP library (Requests)等。

前面已经安装好了 robotframework-requests（RequestsLibrary），接下来使用该库所提供的关键字来进行接口测试。

首先编写 GET 请求的查询发布会接口测试用例。

test_if.robot

```
*** Settings ***
Library          RequestsLibrary
Library          Collections

*** Test Cases ***
test_get_event_list
    ${payload}=    Create Dictionary    eid=1
    Create Session    event    http://127.0.0.1:8000/api
    ${r}=    Get Request    event    /get_event_list/    params=${payload}
    Should Be Equal As Strings    ${r.status_code}    200
    log    ${r.json()}
    ${dict}    Set variable    ${r.json()}
    #断言结果
    ${msg}    Get From Dictionary    ${dict}    message
    Should Be Equal    ${msg}    success
    ${sta}    Get From Dictionary    ${dict}    status
    ${status}    Evaluate    int(200)
    Should Be Equal    ${sta}    ${status}
```

虽然前面已经对 Robot Framework 的语法有了初步印象，但看到上面这一段脚本时的第一感觉并不友好。如果使用 RIDE 来编写脚本，那么这些脚本会横竖整齐地填写在“表格”中。如果用 Sublime Text3 编写脚本，则会有代码着色和空格位。然而，这样的脚本印刷在书上看起来确实比较杂乱，下面对它分段解释，从而帮助理解。

```
----------------------------------------------------------------
   *** Settings ***
   Library           RequestsLibrary
Library          Collections
--------------------------------------------
```

首先，引用 RquestsLibrary 库和 Collections 库。RquestsLibrary 就是安装的 robotframework-requests，提供接口操作相关的关键字。而 Collections 库是用来操作字典的，因为接口的返回数据是 JSON 格式，所以必须转化成字典才能进行断言。

```
----------------------------------------------------------------
*** Test Cases ***
test_get_event_list
....
--------------------------------------------
```

定义 test_get_event_list，测试获取发布会信息接口用例。

```
----------------------------------------------------------------
   ${payload}=    Create Dictionary    eid=1
   Create Session    event    http://127.0.0.1:8000/api
   ${r}=    Get Request    event    /get_event_list/    params=${payload}
----------------------------------------------------------------
```

先来看看 test_get_event_list 用例的前三行脚本。

- ◎ 通过"Create Dictionary"关键字定义字典变量${payload}，字典有一个键值 eid=1。该字典将会作为接口的参数。
- ◎ "Create Session"关键字用来创建一个 HTTP 会话服务器。通过 event 指定 http://127.0.0.1:8000/api 为该会话的基础 URL。
- ◎ "Get Requests"关键字用来发起一个 GET 请求，接口 URL 为 event + /get_event_list/，接口参数为${payload}。最后将接口返回数据赋值给变量${r}。

```
----------------------------------------------------------------
   Should Be Equal As Strings    ${r.status_code}    200
   log    ${r.json()}
----------------------------------------------------------------
```

通过${r.status_code}可以得到请求的 HTTP 状态码，通过"Should Be Equal As Strings"关键字判断其是否为 200。

通过${r.json()}可以将 JSON 格式的数据转化为字典，并通过"log"关键字打印。

```
-----------------------------------------------------------
   ${dict}    Set variable    ${r.json()}
   #断言结果
   ${msg}    Get From Dictionary    ${dict}    message
   Should Be Equal    ${msg}    success
   ${sta}    Get From Dictionary    ${dict}    status
   ${status}    Evaluate    int(200)
   Should Be Equal    ${sta}    ${status}
-----------------------------------------------------------
```

这里的脚本主要是对返回数据库的验证。

◎ 将${r.json()}通过“Set Variable”关键字赋值给变量${dict}。

◎ “Get From Dictionary”关键字由前面引入的 Collections 库提供，可以取到字典中 key 对应的 value。这里获取“message”对应的值给变量${msg}。

◎ “Should Be Equal”关键字用于比较${msg}是否等于“success”。

接下来以同样的方式获取到字典“status”对应的状态码，可以得到状态 200 是整数类型。然而，在 Robot Framework 中直接编写的内容为字符串。所以，这里借助强大的 Evaluate 关键字，它可以直接调用 Python 语言所提供的方法。例如，这里调用 int()方法，把一个“200”字符串转为整数类型，并与字典中取出来的整数 200 进行比较。

至此，这一个完整的接口测试用例介绍完毕。

接下来再编写一个 POST 请求的嘉宾签到接口测试用例。

test_if.robot

```
……
test_user_sign_success
   Create Session    sign    http://127.0.0.1:8000/api
    &{headers}    Create Dictionary
Content-Type=application/x-www-form-urlencoded
   &{payload}=    Create Dictionary    eid=11    phone=13122002200
   ${r}=    Post Request    sign    /user_sign/    data=${payload}
headers=${headers}
   Should Be Equal As Strings    ${r.status_code}    200
   log    ${r.json()}
   ${dict}    Set variable    ${r.json()}
   #断言结果
   ${msg}    Get From Dictionary    ${dict}    message
```

```
    Should Be Equal    ${msg}    sign success
    ${sta}    Get From Dictionary    ${dict}    status
    ${status}    Evaluate    int(200)
    Should Be Equal    ${sta}    ${status}
```

与上一条用例的操作步骤大致相似，但 POST 请求的脚本更为复杂一些。

```
------------------------------------------------------------------
    Create Session    sign    http://127.0.0.1:8000/api
    &{headers}    Create Dictionary
Content-Type=application/x-www-form-urlencoded
    &{payload}=    Create Dictionary    eid=11    phone=13122002200
    ${r}=    Post Request    sign    /user_sign/    data=${payload}
headers=${headers}
------------------------------------------------------------------
```

◎ 通过"Create Session"关键字创建 HTTP 会话服务器，通过 sign 指定 http://127.0.0.1:8000/api 为该会话的基础 URL。

◎ POST 请求一般需要创建 header 标头，用来指定请求信息的内容类型为 application/x-www-form- urlencoded。在创建 POST 请求时指定。

◎ &{payload}定义请求接口的参数，即发布会 id 和签到手机号。

◎ 通过"Post Request"关键字发送 POST 请求。

关于 Robot Framework 做接口测试的介绍就到此为止了，不得不说它是一个非常优秀的自动化测试框架。另外，关于 RequestsLibrary 库所提供的关键字，可以在下面的文档中查看。

http://bulkan.github.io/robotframework-requests/

第 10 章 接口自动化测试框架

本章将介绍接口自动化测试框架的开发。将一些框架和库进行整合，其中，通过 Requests 库发送 HTTP 接口请求，通过 unittest 单元测试框架组织和运行测试用例，通过 HTMLTestRunner 生成 HTML 格式的测试报告，通过 PyMySQL 驱动操作 MySQL 数据库来初始化测试数据。

10.1 接口测试工具的不足

在第 9 章中已经介绍了几款接口测试工具，使用简单、功能强大，为什么还要开发接口测试框架呢？因为接口测试工具存在以下几点不足。

1. 测试数据不可控制

接口测试本质是对数据的测试，调用接口输入一些数据，再验证接口返回的一些数据的正确性。如果接口返回的数据不可控，那么就无法自动断言接口返回的数据。

例如，有一个用户查询接口，要输入用户名，返回用户的年龄、性别、邮箱、手机号等数据。在测试该接口时传参 username=Tom。那么，数据库里一定要有一条 Tom 的数据，否则接口返回为空。要想断言接口返回数据，如 Tom 的年龄（assert age==22），那么一定预先知道接口会返回哪些数据，并且每次返回的数据必须是固定的。如果无法做到这一点，那么当断言失败时，就不能断定到底是接口程序引起的错误，还是测试数据变化引起的错误。我们要做的就是通过初始化测试数据排除后一种情况引起的测试失败。

然而，一般的接口测试工具都没有初始化测试数据的功能，无法真正地做到接口测试的“自动化”。

2. 无法测试加密接口

这是一般接口测试工具的另一大缺点，本书第 8 章中开发的接口使用工具测试完全没有问题，但在实际项目中，多数接口并不是可以随便调用的，会使用用户认证、签名、加密等手段提高接口的安全性。一般接口测试工具无法模拟和生成这些加密算法。

本书第 11 章将会对一些常见的接口安全机制进行介绍。

3. 扩展能力不足

当我们在享受工具所带来的便利的同时，往往也会受制于工具所带来的一些局限。例如，有时我们想生成不同格式的测试报告，并将测试报告发送到指定邮箱。又或者想将接口测试集成到 CI（持续集成）中，做定时任务。

然而，接口测试工具却无法实现功能扩展，或需要通过很复杂的方式才能实现。相比而言，编程语言就不存在这样的局限性。

> **备注：**关于上面介绍的几点不足，Robot Framework 都可以满足，严格意义上来说，Robot Framework 并不属于“工具”，虽然将其划分到了测试工具一章，Robot Framework 有着与编程语言一样的扩展性，前提是你需要掌握 Python 语言，并且可以为 Robot Framework 开发系统关键字。然而，Robot Framework 的脚本可读性差是它的最大弱点。如果需要为它大量开发系统关键字，那么何不直接写 Python 程序，岂不是更自由。

10.2 Requests 库

虽然这一小节加得有些突然，但我并不想单独为 Requests 规划一章来讲解。这并不是说 Requests 不重要，相反，它在本书的接口测试中非常重要。之所以不打算过多介绍，主要是因为它的用法并不比接口测试工具复杂，甚至还要更加简单，而且官方文档写得也很棒。

Requests 使用 Apache2 Licensed 许可证的 HTTP 库。它基于 urllib3，因此继承了 urllib3 的所有特性。Requests 支持 HTTP 连接保持和连接池，支持使用 Cookie 保持会话，支持文件上传，支持自动确定响应内容的编码，支持国际化的 URL 和 POST 数据自动编码。

英文文档：http://docs.python-requests.org/en/master/

中文文档：http://cn.python-requests.org/zh_CN/latest/

10.2.1 安装

前面在学习 Robot Framework 的时候，我们已经安装了 Requests 库。如果已经安装，那么此处可以省略。如果尚未安装，则可以通过 PyPI 仓库获取安装。

Pypi 地址：https://pypi.python.org/pypi/requests

下面就通过 Requests 官方文档提供的第一个例子来体会它的用法。

Python Shell

```
Python 3.5.0 (v3.5.0:374f501f4567, Sep 13 2015, 02:27:37) [MSC v.1900 64 bit
(AMD64)] on win32
Type "copyright", "credits" or "license()" for more information.
>>> import requests
>>> r = requests.get('https://api.github.com/user', auth=('user', 'pass'))

>>> r.status_code
200

>>> r.headers['content-type']
'application/json; charset=utf-8'

>>> r.encoding
'utf-8'

>>> r.text
'{"login":"defnngj","id":1000588,"avatar_url" ……

>>> r.json()
{'public_gists': 0, 'id': 1000588, 'type': ……
```

要想执行这个例子，你需要有一个 GitHub 账号，auth 参数的“user”和“pass”需要替换为具体的 GitHub 账号和密码才行。

10.2.2 接口测试

通过上面的例子，不难发现使用 Requests 调用接口非常简单。下面就针对查询发布会接口编写一个完整的接口测试用例。

interface_test.py

```
import requests

# 查询发布会接口
url = "http://127.0.0.1:8000/api/get_event_list/"
r = requests.get(url, params={'eid':'1'})
result = r.json()

# 断言接口返回值
assert result['status'] == 200
assert result['message'] == "success"
assert result['data']['name'] == "XX 产品发布会"
assert result['data']['address'] == "北京国家会议中心"
assert result['data']['start_time'] == "2016-12-08T14:29:21"
```

查询发布会接口请求类型为 GET，所以，通过 Requests 库的 get()方法调用。get()方法第一个参数为调用接口的 URL 地址，params 指定接口的入参，将参数定义为字典。

json()方法可以将接口返回的 JSON 格式的数据转化为字典。

最后，通过 assert 语句断言字典中的值，即接口返回的数据，其中包括状态码 status、消息 message 和发布会信息 data 等。

10.2.3 集成 unittest

将接口测试脚本集成到 unittest 单元测试框架中，利用 unittest 的功能来运行接口测试用例。

interface_test.py

```
import requests
import unittest

class GetEventListTest(unittest.TestCase):
    '''查询发布会接口测试'''

    def setUp(self):
        self.url = "http://127.0.0.1:8000/api/get_event_list/"

    def test_get_event_null(self):
        '''发布会 id 为空'''
```

```
        r = requests.get(self.url, params={'eid':''})
        result = r.json()
        self.assertEqual(result['status'], 10021)
        self.assertEqual(result['message'], "parameter error")

    def test_get_event_error(self):
        '''发布会 id 不存在'''
        r = requests.get(self.url, params={'eid':'901'})
        result = r.json()
        self.assertEqual(result['status'], 10022)
        self.assertEqual(result['message'], "query result is empty")

    def test_get_event_success(self):
        '''发布会 id 为 1，查询成功'''
        r = requests.get(self.url, params={'eid':'1'})
        result = r.json()
        self.assertEqual(result['status'],200)
        self.assertEqual(result['message'], "success")
        self.assertEqual(result['data']['name'], "小米 5 发布会")
        self.assertEqual(result['data']['address'], "北京国家会议中心")
        self.assertEqual(result['data']['start_time'], "2016-12-08T14:29:21")

    # ……

if __name__ == '__main__':
    unittest.main()
```

关于 unittest 单元测试框架的使用，在本书第 6 章中已经作过介绍。这里同样适用接口测试用例的组织与执行。

10.3 接口测试框架开发

关于接口测试的自动化，unittest 已经帮我们完成了大部分工作，只需集成初始化测试数据功能，以及使用 HTMLTestRunner 来生成测试报告，一个接口测式框架就基本完成了。

10.3.1 框架处理流程

接口自动化测试框架的大体处理流程如图 10.1 所示。

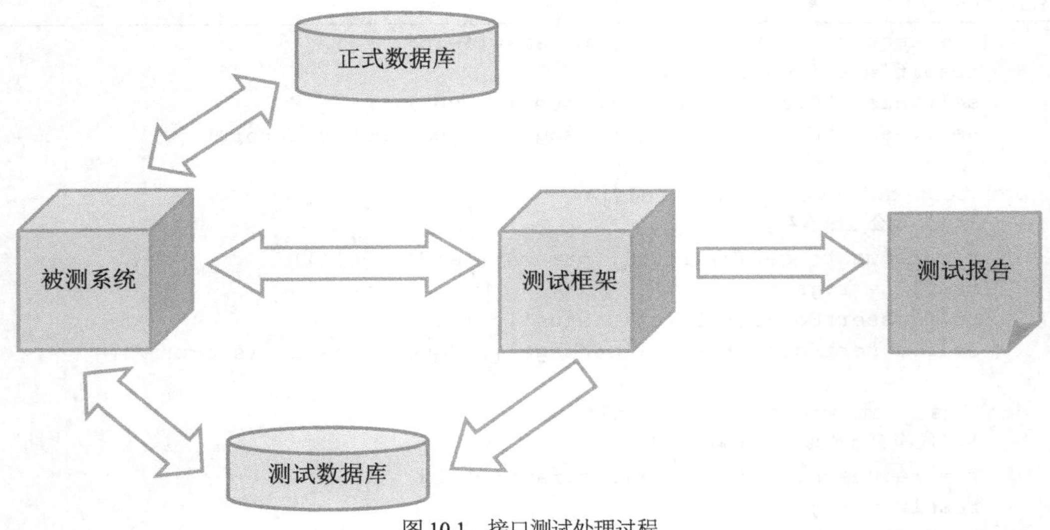

图 10.1　接口测试处理过程

接口自动化测试框架处理过程如下：

❶ 接口测试框架先向测试数据库中插入测试数据（如 Tom 的个人信息）。

❷ 调用被测系统所提供的接口（传参 username="Tom"）。

❸ 系统接口根据传参（username="Tom"）向测试数据库中进行查询得到 Tom 个人信息。

❹ 将查询结果组装成一定格式（如 JSON 格式）的数据，并返回给测试框架。

❺ 通过单元测试框架断言接口返回的数据（Tom 的个人信息），并生成测试报告。

在整个测试过程中，为了使正式数据库中的数据不受影响，建议使用独立的测试数据库。在 Web 项目配置数据库连接非常简单，读者可参考本书第 4 章。

10.3.2　框架结构介绍

接口自动化测试框架目录结构如图 10.2 所示。

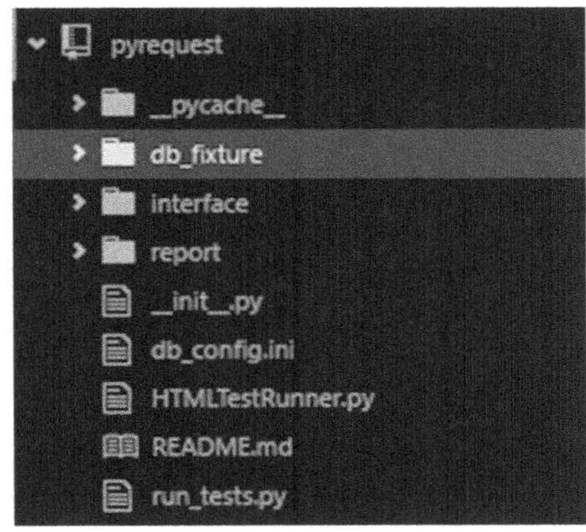

图 10.2 接口测试框架目录结构

这里暂且将接口动化测试框架命名为 pyrequest，各个目录与文件的作用如下。

◎ db_fixture/： 初始化接口测试数据。
◎ interface/： 用于编写接口自动化测试用例。
◎ report/： 生成接口自动化测试报告。
◎ db_config.ini： 数据库连接配置文件。
◎ HTMLTestRunner.py： unittest 的扩展，生成 HTML 格式的测试报告。
◎ run_tests.py： 执行所有接口测试用例的主程序。
◎ GitHub 项目地址：https://github.com/defnngj/pyrequest

10.3.3 修改数据库配置

前面已经说明，为了使正式数据库的数据不受影响，建议使用单独的测试数据库。你可以在本机或者在测试服务器中单独创建一个测试数据库。修改项目文件.../guest/settings. py 中的数据库配置，以 MySQL 数据库为例。

settings.py

```
……
DATABASES = {
    'default': {
        'ENGINE': 'django.db.backends.mysql',
        'HOST': '127.0.0.1',
        'PORT': '3306',
        'NAME': 'guest_test',
```

```
        'USER': 'root',
        'PASSWORD': '123456',
        'OPTIONS': {
            'init_command': "SET sql_mode='STRICT_TRANS_TABLES'",
        },

    }
}
......
```

修改了数据库配置之后需要重新执行“python3 manage.py migrate”生成数据库表结构，参考本书第 4 章，你也可以借助数据库管理工具的导出和导入功能，将一个数据库的所有表结构导入到另外一个数据库中。

10.3.4 数据库操作封装

同样以 MySQL 数据库为例，可以直接通过 PyMySQL 驱动编写的纯 SQL 语句来操作数据库。但是，通过编写 SQL 语句生成测试数据库相对比较麻烦，本节的目的就是简化这一过程，避免直接编写 SQL 语句。

首先，创建数据库配置文件.../db_config.ini。

db_config.ini

```
[mysqlconf]
host=127.0.0.1
port=3306
user=root
password=123456
db_name=guest_test
```

接下来简单封装数据库操作，参照 pyrequest 框架的目录结构，创建.../db_fixture/mysql_ db.py 文件。

mysql_db.py

```
from pymysql import connect, cursors
from pymysql.err import OperationalError
import os
import configparser as cparser

# ======== 读取 db_config.ini 文件设置 ===========
base_dir = str(os.path.dirname(os.path.dirname(__file__)))
base_dir = base_dir.replace('\\', '/')
file_path = base_dir + "/db_config.ini"

cf = cparser.ConfigParser()
cf.read(file_path)

host = cf.get("mysqlconf", "host")
port = cf.get("mysqlconf", "port")
db   = cf.get("mysqlconf", "db_name")
user = cf.get("mysqlconf", "user")
password = cf.get("mysqlconf", "password")

# ======== 封装 MySQL 基本操作 ===================
class DB:

    def __init__(self):
        try:
            # 连接数据库
            self.conn = connect(host=host,
                                user=user,
                                password=password,
                                db=db,
                                charset='utf8mb4',
                                cursorclass=cursors.DictCursor)
        except OperationalError as e:
            print("Mysql Error %d: %s" % (e.args[0], e.args[1]))

    # 清除表数据
    def clear(self, table_name):
        # real_sql = "truncate table " + table_name + ";"
        real_sql = "delete from " + table_name + ";"
        with self.conn.cursor() as cursor:
            cursor.execute("SET FOREIGN_KEY_CHECKS=0;")
```

```
            cursor.execute(real_sql)
        self.conn.commit()

    # 插入表数据
    def insert(self, table_name, table_data):
        for key in table_data:
            table_data[key] = "'"+str(table_data[key])+"'"
        key   = ','.join(table_data.keys())
        value = ','.join(table_data.values())
        real_sql = "INSERT INTO " + table_name + " (" + key + ") VALUES (" + value
+ ")"
        #print(real_sql)

        with self.conn.cursor() as cursor:
            cursor.execute(real_sql)

        self.conn.commit()

    # 关闭数据库连接
    def close(self):
        self.conn.close()


if __name__ == '__main__':
    db = DB()
    table_name = "sign_event"
    data = {'id':12,'name':'红米','`limit`':2000,'status':1,'address':
            '北京会展中心','start_time':'2016-08-20 00:25:42'}
    db.clear(table_name)
    db.insert(table_name, data)
    db.close()
```

首先，读取 db_config.ini 文件中的 MySQL 数据库连接配置。

创建 DB 类，__init__()方法初始化数据库连接，通过 connect()方法连接数据库。

因为初始化测试数据只需用到清除数据和插入数据，所以只封装了 clear()和 insert()两个方法。其中，insert()方法对插入的数据做了格式转化，可将字典转化为插入 SQL 语句，这样的处理极大地方便了测试数据的创建。

最后，通过 close()方法关闭数据库连接。

接下来创建测试数据.../db_fixture/test_data.py。

test_data.py

```
import sys
sys.path.append('../db_fixture')
from mysql_db import DB

# 创建测试数据
datas = {
    # 发布会表数据
    'sign_event':[
        {'id':1,'name':'红米 Pro 发布会','`limit`':2000,'status':1,
         'address':'北京会展中心','start_time':'2017-08-20 14:00:00'},
        {'id':2,'name':'可参加人数为 0','`limit`':0,'status':1,
         'address':'北京会展中心','start_time':'2017-08-20 14:00:00'},
        {'id':3,'name':'当前状态为 0 关闭','`limit`':2000,'status':0,
         'address':'北京会展中心','start_time':'2017-08-20 14:00:00'},
        {'id':4,'name':'发布会已结束','`limit`':2000,'status':1,
         'address':'北京会展中心','start_time':'2001-08-20 14:00:00'},
        {'id':5,'name':'小米 5 发布会','`limit`':2000,'status':1,
         'address':'北京国家会议中心','start_time':'2017-08-20 14:00:00'},
    ],
    # 嘉宾表数据
    'sign_guest':[
            {'id':1,'realname':'alen','phone':13511001100,
             'email':'alen@mail.com','sign':0,'event_id':1},
            {'id':2,'realname':'has sign','phone':13511001101,
             'email':'sign@mail.com','sign':1,'event_id':1},
            {'id':3,'realname':'tom','phone':13511001102,
             'email':'tom@mail.com','sign':0,'event_id':5},
        ],
}

# 将测试数据插入表
def init_data():
    db = DB()
    for table, data in datas.items():
        db.clear(table)
        for d in data:
            db.insert(table, d)
    db.close()
```

```
if __name__ == '__main__':
    init_data()
```

init_data()函数用于读取 datas 字典中的数据，首先调用 DB 类中的 clear()方法清除表数据，然后，循环调用 insert()方法插入表数据。

10.3.5 编写接口测试用例

关于接口测试用例的编写，在介绍 Requests 库时已经提供过例子，这里基本相同。参照 pyrequest 框架的目录结构，创建.../interface/add_event_test.py 文件。

add_event_test.py

```
import unittest
import requests
import os, sys
parentdir = os.path.dirname(os.path.dirname(os.path.abspath(__file__)))
sys.path.insert(0, parentdir)
from db_fixture import test_data


class AddEventTest(unittest.TestCase):
    ''' 添加发布会 '''

    def setUp(self):
        self.base_url = "http://127.0.0.1:8000/api/add_event/"

    def tearDown(self):
        print(self.result)

    def test_add_event_all_null(self):
        ''' 所有参数为空 '''
        payload = {'eid':'','':'','limit':'','address':'','start_time':''}
        r = requests.post(self.base_url, data=payload)
        self.result = r.json()
        self.assertEqual(self.result['status'], 10021)
        self.assertEqual(self.result['message'], 'parameter error')
```

```
    def test_add_event_eid_exist(self):
        ''' id已经存在 '''
        payload = {'eid':1,'name':'一加 4 发布会','limit':2000,'address':
                   '深圳宝体','start_time':'2017'}
        r = requests.post(self.base_url, data=payload)
        self.result = r.json()
        self.assertEqual(self.result['status'], 10022)
        self.assertEqual(self.result['message'], 'event id already exists')

    def test_add_event_name_exist(self):
        ''' 名称已经存在 '''
        payload = {'eid':11,'name':'红米 Pro 发布会','limit':2000,'address':
                   '深圳宝体','start_time':'2017'}
        r = requests.post(self.base_url,data=payload)
        self.result = r.json()
        self.assertEqual(self.result['status'], 10023)
        self.assertEqual(self.result['message'], 'event name already exists')

    def test_add_event_data_type_error(self):
        ''' 日期格式错误 '''
        payload = {'eid':11,'name':'一加 4 手机发布会','limit':2000,'address':
                   '深圳宝体','start_time':'2017'}
        r = requests.post(self.base_url,data=payload)
        self.result = r.json()
        self.assertEqual(self.result['status'], 10024)
        self.assertIn('start_time format error.', self.result['message'])

    def test_add_event_success(self):
        ''' 添加成功 '''
        payload = {'eid':11,'name':'一加 4 手机发布会','limit':2000,'address':
                   '深圳宝体','start_time':'2017-05-10 12:00:00'}
        r = requests.post(self.base_url,data=payload)
        self.result = r.json()
        self.assertEqual(self.result['status'], 200)
        self.assertEqual(self.result['message'], 'add event success')


if __name__ == '__main__':
    test_data.init_data() # 初始化接口测试数据
    unittest.main()
```

在测试接口之前，调用 test_data.py 文件中的 init_data()方法初始化数据库中的测试数据。

创建 AddEventTest 测试类，继承 unittest.TestCase 类：创建测试用例，调用添加发布会接口，并验证接口返回的数据。

另外一个需要注意的细节是，把 JSON 格式的结果转化为字典赋值给 self.result 变量，为何要加 self，目的是为了在 tearDown()方法中打印 self.result 变量，打印的结果可以在测试报告中显示（即接口返回数据）。如果不使用 self，又想要做到这一点，那么只能在每个用例当中都执行打印 result 变量的语句。总之两种方法都不是非常方便。

10.3.6 集成测试报告

当开发的接口测试用例达到一定数量后，就需要考虑分文件分目录地来划分用例了，如何批量地执行这些用例呢？unittest 单元测试框架提供的 discover()方法可以满足这个需求。最后，再使用 HTMLTestRunner 生成 HTML 格式的测试报告。

参照 pyrequest 框架的目录结构，创建 run_tests.py 文件。

run_tests.py

```
import time, sys
sys.path.append('./interface')
sys.path.append('./db_fixture')
from HTMLTestRunner import HTMLTestRunner
import unittest
from db_fixture import test_data


# 指定测试用例为当前文件夹下的 interface 目录
test_dir = './interface'
discover = unittest.defaultTestLoader.discover(test_dir, pattern='*_test.py')


if __name__ == "__main__":
    test_data.init_data() # 初始化接口测试数据

    now = time.strftime("%Y-%m-%d %H_%M_%S")
    filename = './report/' + now + '_result.html'
    fp = open(filename, 'wb')
```

```
    runner = HTMLTestRunner(stream=fp,
                            title='Guest Manage System Interface Test Report',
                            description='Implementation Example with:')
    runner.run(discover)
    fp.close()
```

首先，通过调用 test_data.py 文件中的 init_data()函数来初始化测试数据。

使用 unittest 框架所提供的 discover()方法，查找 interface/ 目录下，匹配所有文件名以“_test.py”结尾的测试文件（*星号表示匹配任意字符）。

HTMLTestRunner 为 unittest 单元测试框架的扩展，利用它提供的 HTMLTestRunner()类来代替 unittest 单元测试框架的 TextTestRunner()类，运行 discover 中匹配的测试用例，生成 HTML 格式的测试报告。

遗憾的是，原版的 HTMLTestRunner 由于多年不更新，所以并不支持 Python 3。网上有许多修改版本。我对原版的 HTMLTestRunner 也做了少量的修改，使它可以在 Python 3 下运行。我修改的 HTMLTestRunner，可以通过下面的 GitHub 地址获取。

HTMLTestRunner for Python3：

https://github.com/defnngj/HTMLTestRunner

为了方便接口自动化测试的使用，我直接将它集成到了 pyrequest 框架。当你从 GitHub 上克隆 pyrequest 项目后，不需要再单独安装 HTMLTestRunner。

关于测试报告的生成，通过 time 的 strftime()方法获取当前时间，并且转化成一定的时间格式作为测试报告的名称。这样做的目的是为了避免因为生成的报告重名而造成覆盖。最终，将测试报告存放于 report/目录下面。一张完整的接口自动化测试报告如图 10.3 所示。

Guest Manage System Interface Test Report

Start Time: 2016-12-30 22:51:33

Duration: 0:00:00.706856

Status: Pass 29

Implementation Example with:

Show Summary Failed All

Test Group/Test case	Count	Pass	Fail	Error	View
add_event_test.AddEventTest: 添加发布会	5	5	0	0	Detail
test_add_event_all_null: 所有参数为空	pass [x] pt1.1: {'message': 'parameter error', 'status': 10021}				
test_add_event_data_type_error: 日期格式错误	pass				
test_add_event_eid_exist: id已经存在	pass				
test_add_event_name_exist: 名称已经存在	pass				
test_add_event_success: 添加成功	pass				
add_guest_test.AddGuessTest: 添加嘉宾	7	7	0	0	Detail
get_event_list_test.GetEventListTest: 获得发布会列表	4	4	0	0	Detail
get_guest_list_test.GetGuestListTest: 获得嘉宾列表	5	5	0	0	Detail
user_sign_test.UserSignTest: 用户签到	8	8	0	0	Detail
Total	**29**	**29**	0	0	

图 10.3 接口自动化测试报告

第 11 章 接口的安全机制

在实际项目接口的开发中，接口的安全机制是绕不开的一个话题。不管公司内部使用的接口，还是给第三方调用的接口，如果不做任何限制，可能会造成安全隐患。本章将介绍在接口开发中常用的几种安全机制。

11.1 用户认证

先来思考一下问题，一般接口测试工具都会提供一个 User Auth/Authorization 的选项，要求输入 username/password 的字段。这与系统登录功能中的用户名/密码并不是一回事，系统登录功能的用户名/密码是作为接口的一般参数来传输，而 User Auth 却不相同，但它仍然包含在 request 请求中。

图 11.1 所示的是，在 Postman 工具中，Basic Auth 选项提供的 Username/Password 输入框。

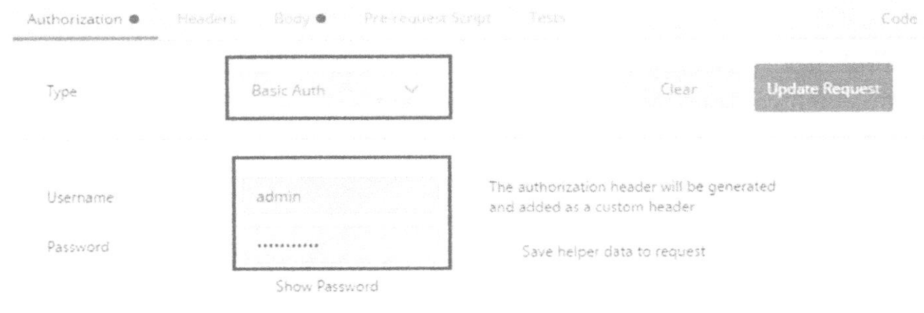

图 11.1 Postman 的 Basic Auth 选项

通过 Fiddler 工具抓取请求的 Auth 信息如图 11.2 所示。

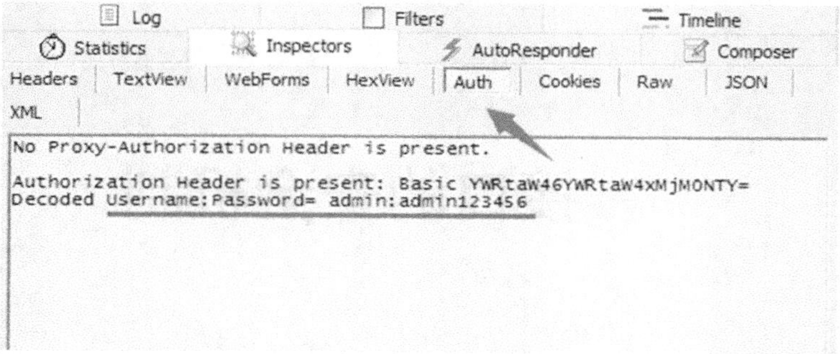

图 11.2 Fiddler 抓取 Auth 请求参数

其实，这个问题的难点并不在测试上面，因为一般的接口测试工具和 Requests 库都提供有 Auth 选项。那么，Django 如何接收和处理 Auth 参数？在 Django 官方文档中，我并没有找到关于 Auth 处理的说明，但在使用 Djang REST framework 框架时（本书第 13 章会介绍该框架的使用），发现它具有 Auth 功能。通过阅读 Django REST framework 框架的源码，找到了关于 Auth 的处理代码。

11.1.1 开发带 Auth 接口

如果你是按照本书的章节顺序学到这一章的话，相信你对 Django 的开发流程已经比较熟悉了，这里只提供视图层的代码，因为接口的开发主要由视图层完成。相信你可以通过 Django 将这些代码运行起来。

为了练习与安全有关的接口开发，下面重新在 sign 应用下创建 views_if_sec.py 视图文件。

views_if_sec.py

```
from django.contrib import auth as django_auth
import base64

# 用户认证
def user_auth(request):
    get_http_auth = request.META.get('HTTP_AUTHORIZATION', b'')
    auth = get_http_auth.split()
    try:
        auth_parts = base64.b64decode(auth[1]).decode('utf-8').partition(':')
```

```
    except IndexError:
        return "null"
    username, password = auth_parts[0], auth_parts[2]
    user = django_auth.authenticate(username=username, password=password)
    if user is not None:
        django_auth.login(request, user)
        return "success"
    else:
        return "fail"
```

user_auth 函数的处理过程主要是提取出用户认证数据并判断其正确性。

```
get_http_auth = request.META.get('HTTP_AUTHORIZATION', b'')
```

request.META 是一个 Python 字典，包含了本次 HTTP 请求的 Header 信息，例如用户认证、IP 地址和用户 Agent（通常是浏览器的名称和版本号）等。

HTTP_AUTHORIZATION 用于获取 HTTP 认证数据。如果为空，将到一个空的 bytes 对象。

当客户端传输的认证数据为：admin/admin123456，这里得到的数据为：

Basic YWRtaW46YWRtaW4xMjM0NTY=

```
auth = get_http_auth.split()
```

通过 split()方法将其拆分成 list。拆分后的数据为：['Basic','YWRtaW46YWRtaW4xMjM0NTY=']

```
auth_parts=base64.b64decode(auth[1]).decode('utf-8').partition(':')
```

取出 list 中的加密串，通过 base64 对加密字符串进行解码。通过 decode()方法以 UTF-8 编码对字符串进行解码。partition()方法以冒号 “:” 为分隔符对字符串进行分隔，得到的数据为：('admin', ':', 'admin123456')。

在执行到这一行代码时，通过 try...except...进行异常处理。如果获取不到 Auth 数据，则抛 IndexError 类型的异常，函数返回 “null” 字符串。

```
userid, password = auth_parts[0], auth_parts[2]
```

最后，取出 auth_parts 元组中对应认证的 username 和 username。最终的数据是： admin、admin123456。

后面的处理过程我们就很熟悉了。调用 Django 的认证模块，对得到的 Auth 信息进行验证。

若成功则返回“success”，失败则返回“fail”。

在发布会查询接口中调用刚开发的 user_auth 函数。

views_if_sec.py

```
……

# 查询发布会接口---增加用户认证
def get_event_list(request):
    auth_result = user_auth(request)  # 调用认证函数
    if auth_result == "null":
        return JsonResponse({'status':10011,'message':'user auth null'})

    if auth_result == "fail":
        return JsonResponse({'status':10012,'message':'user auth fail'})

    eid = request.GET.get("eid", "")       # 发布会 id
    name = request.GET.get("name", "")    # 发布会名称

……
```

完整的查询发布会接口代码请参考本书第 8 章。另外需要说明的是，这种认证方式是一种相对较弱的安全机制。

11.1.2 接口文档

查询发布会接口如表 11.1 所示。

表 11.1 查询发布会接口

名称	查询发布会接口
描述	查询发布会接口
URL	http://127.0.0.1:8000/api/sec_get_event_list/
调用方法	GET
传入参数	eid #发布会 id name #发布会名称

续表

返回值	{
	"data": {
	"start_time": "2016-12-10T14:00:00",
	"name": "小米手机 6 发布会",
	"limit": 2000,
	"address": "北京水立方",
	"status": true
	},
	"message": "success",
	"status": 200
	}

状态码	10011: user auth null 10012: user auth fail 10021: parameter error 10022: query result is empty 200: success
说明	接口需要认证：auth=("username", "password") eid 或 name 两个参数二选一

备注：关于接口文档所提供的接口地址，参考第 8.3.1 节，在.../sign/urls.py 文件中配置。

11.1.3　接口测试用例

按照惯例，接下来需要针对开发的接口编写测试用例了，Reqeusts 库的 get()和 post()方法均提供有 auth 参数，用于设置用户签名。

sec_test_case.py

```
import unittest
import requests

class GetEventListTest(unittest.TestCase):
    ''' 查询发布会信息（带用户认证）'''

    def setUp(self):
        self.base_url = "http://127.0.0.1:8000/api/sec_get_event_list/"
```

```
    def test_get_event_list_auth_null(self):
        ''' auth 为空 '''
        r = requests.get(self.base_url, params={'eid': 1})
        result = r.json()
        self.assertEqual(result['status'], 10011)
        self.assertEqual(result['message'], 'user auth null')

    def test_get_event_list_auth_error(self):
        ''' auth 错误 '''
        auth_user = ('abc', '123')
        r = requests.get(self.base_url, auth=auth_user, params={'eid': 1})
        result = r.json()
        self.assertEqual(result['status'], 10012)
        self.assertEqual(result['message'], 'user auth fail')

    def test_get_event_list_eid_null(self):
        ''' eid 参数为空 '''
        auth_user = ('admin', 'admin123456')
        r = requests.get(self.base_url, auth=auth_user, params={'eid': ''})
        result = r.json()
        self.assertEqual(result['status'], 10021)
        self.assertEqual(result['message'], 'parameter error')

    def test_get_event_list_eid_success(self):
        ''' 根据 eid 查询结果成功 '''
        auth_user = ('admin', 'admin123456')
        r = requests.get(self.base_url, auth=auth_user, params={'eid':1})
        result = r.json()
        self.assertEqual(result['status'], 200)
        self.assertEqual(result['message'], 'success')
        self.assertEqual(result['data']['name'],u'小米 5 发布会')
        self.assertEqual(result['data']['address'],u'北京国家会议中心')

    # ……

if __name__ == "__main__":
    unittest.main()
```

请将这里的接口测试用例添加到第 10 章所介绍的 pyrequest 框架中。

11.2 数字签名

在使用 HTTP/SOAP 协议传输数据时，签名作为其中一个参数，有着重要的作用。

❶ **鉴权**：通过客户端的密钥和服务端的密钥匹配。

这个很好理解，例如一个接口传参为：

http://127.0.0.1:8000/api/?a=1&b=2

假设签名的密钥为：@admin123

加上签名之后的接口参数为：

http://127.0.0.1:8000/api/?a=1&b=2&sign=@admin123

显然，明文传输 sign 参数是不安全的，所以，一般会通过加密算法进行加密，例如 MD5。

Python Shell

```
>>> import hashlib
>>> md5 = hashlib.md5()
>>> sign_str = "@admin123"
>>> sign_bytes_utf8 = sign_str.encode(encoding="utf-8")
>>> md5.update(sign_bytes_utf8)
>>> md5.hexdigest()
'4b9db269c5f978e1264480b0a7619eea'
```

将“@admin123”通过 MD5 加密之后得到：4b9db269c5f978e1264480b0a7619eea

所以，单独作为鉴权，带签名的接口为：

http://127.0.0.1:8000/api/?a=1&b=2&sign=4b9db269c5f978e1264480b0a7619eea

因为 MD5 算法是不可逆向的，所以，当服务器接收到参数后，同样需要对“@admin123”进行 MD5 加密，然后，与调用者传来的 sign 加密字符串对比是否一致，从而来鉴别调用者是否有权访问接口。

什么是 MD5？

MD5 即 Message-Digest Algorithm 5（中文名为消息摘要算法第五版），用于确保信息传输完整一致。是计算机广泛使用的杂凑算法之一，主流编程语言普遍已有 MD5 实现。

❷ **数据防篡改**：参数是明文传输，将接口参数及密钥生成加密字符串，将加密字符串作为签名。

同样以下面带参数的接口为例：

http://127.0.0.1:8000/api/?a=1&b=2

假设签名的密钥为：@admin123

签名的明文为：a=1&b=2&api_key=@admin123

通过 MD5 算法将整个接口参数（a=1&b=2&api_key=@admin123）生成加密字符串：

786bfe32ae1d3764f208e03ca0bfaf13

所以，作为数据防篡改，带签名的接口为：

http://127.0.0.1:8000/api/?a=1&b=2&sign=786bfe32ae1d3764f208e03ca0bfaf13

因为是对整个接口的参数做了加密，所以，只要任意一个参数发生改变，那么签名的验证就会失败。从而起到了鉴权和对数据完整性的保护。

不过，接口全参数的加密签名也有弊端，因为 MD5 加密是不可逆的，所以，服务器端必须知道客户端的接口参数和值，否则签名的验证就会失败。但一般接口在设计时对客户端所请求的参数并不完全已知。例如，嘉宾手机号查询，服务器并不知道接口调用者传的手机号具体是什么，只是通过数据库来查询该号码是否存在，那么就不能使用全参加密。

11.2.1 开发接口

打开.../sign/views_if_sec.py 视图文件，实现接口签名代码。

views_if_security.py

```
import time, hashlib

……
# 用户签名+时间戳
def user_sign(request):
```

```
    if request.method == 'POST':
        client_time = request.POST.get('time', '')   # 客户端时间戳
        client_sign = request.POST.get('sign', '')   # 客户端签名
    else:
        return "error"

    if client_time == '' or client_sign == '':
        return "sign null"

    # 服务器时间
    now_time = time.time()    # 例: 1466426831
    server_time = str(now_time).split('.')[0]
    # 获取时间差
    time_difference = int(server_time) - int(client_time)
    if time_difference >= 60 :
        return "timeout"

    # 签名检查
    md5 = hashlib.md5()
    sign_str = client_time + "&Guest-Bugmaster"
    sign_bytes_utf8 = sign_str.encode(encoding="utf-8")
    md5.update(sign_bytes_utf8)
    server_sign = md5.hexdigest()

if server_sign != client_sign:
    return "sign fail"
    else:
        return "sign success"
```

创建 user_sgin()函数处理签名参数。代码并不算多，但处理过程较为复杂。

首先，通过 POST 方法获取两个参数 client_time 和 client_sign。如果客户端请求方法不是 POST，那么函数会返回“error”。判断两个参数均不能为空，则返回“sign null”，这个逻辑很好理解。

接下来是对时间戳的判断。需要客户端获取一个“当前时间”的时间戳（格式如 1466830935）。

Python Shell

```
>>> import time

# 当前时间戳
>>> now_time = time.time()
>>> now_time
1483175408.6786556

# 将时间戳转化为字符串类型，并截取小数点前的时间
>>> str(now_time).split('.')[0]
'1483175408'

# 将时间戳转化成日期时间格式
>>> time.strftime("%Y-%m-%d %H:%M:%S", time.localtime(now_time))
'2016-12-31 17:10:08'
```

Python3 生成的时间戳精度很高，而我们只需要小数点前面的 10 位即可，所以，使用 split() 函数截取小数点前面的时间。

当服务器端得到客户端传来的时间后，需要重新再获取一下当前时间。如果服务器端的当前时间减去客户端时间小于 60（秒），说明这个接口的请求时间是离当前时间最近的 60 秒之内，允许接口访问；如果大于 60（秒），则返回“timeout”。这样就要求客户端不断地获取当前时间戳作为请求接口参数来访问。所以，一直使用固定的时间参数访问接口是无效的。

关于签名参数的生成，需要将 api_key（密钥字符串：“&Guest-Bugmaster”）和客户端发来的时间戳，两者合到一起，通过 MD5 生成新的加密字符串作为服务器端的 sign 参数，即 server_sign。客户端以同样的规则生成 sign 参数，即 client_sign。最终，由服务器端比较 server_sign 和 client_sign 是否相等。如果相等，则说明签名验证成功，返回“sign success”；否则返回“sign fail”。

将用户签名功能应用到添加发布会接口中。

views_if_sec.py

```
……
```

```
# 添加发布会接口---增加签名+时间戳
def add_event(request):
    sign_result = user_sign(request)
    if sign_result == "error":
        return JsonResponse({'status':10011,'message':'request error'})
    elif sign_result == "sign null":
        return JsonResponse({'status':10012,'message':'user sign null'})
    elif sign_result == "timeout":
        return JsonResponse({'status':10013,'message':'user sign timeout'})
    elif sign_result == "sign fail":
        return JsonResponse({'status':10014,'message':'user sign error'})

......
```

调用 user_sign()函数处理用户签名，根据函数返回字符串，将相应的处理结果返回给客户端。当用户签名验证通过后，接下来的处理过程请参考第 8 章中添加发布会接口。

11.2.2　接口文档

添加发布会接口如表 11.2 所示。

表 11.2　添加发布会接口

名称	添加发布会接口
描述	添加发布会接口
URL	http://127.0.0.1:8000/api/sec_add_event/
调用方式	POST
传入参数	time：当前时间。如“1466426831” sign：签名

返回值	{
	'status':200,
	'message':'add event success'
	}

错误提示	10011: request error 10012: user sign null 10013: user sign timeout 10014: user sign error 10021: parameter error

续表

错误提示	10022: event id already exists 10023: event name already exists 10024: start_time format error. It must be in YYYY-MM-DD HH:MM:SS format. 200: add event success
说明	sign 计算公式：md5(api_key+time)；其中 api_key 需要申请获取

11.2.3 接口用例

参考接口文档编写接口测试用例。该接口不适合用接口工具测试，因为时间戳和 MD5 加密算法一般接口工具无法模拟。所以，通过代码的方式测试接口才是万能的！

add_event_test.py

```
import unittest, requests, hashlib
from time import time

class AddEventTest(unittest.TestCase):

    def setUp(self):
        self.base_url = "http://127.0.0.1:8000/api/sec_add_event/"
        # app_key
        self.api_key = "&Guest-Bugmaster"
        # 当前时间
        now_time = time()
        self.client_time = str(now_time).split('.')[0]
        # sign
        md5 = hashlib.md5()
        sign_str = self.client_time + self.api_key
        sign_bytes_utf8 = sign_str.encode(encoding="utf-8")
        md5.update(sign_bytes_utf8)
        self.sign_md5 = md5.hexdigest()

    def test_add_event_request_error(self):
        ''' 请求方法错误 '''
        r = requests.get(self.base_url)
        result = r.json()
        self.assertEqual(result['status'], 10011)
        self.assertEqual(result['message'], 'request error')

    def test_add_event_sign_null(self):
```

```
        ''' 签名参数为空 '''
        payload = {'eid':1,'':'','limit':'','address':'','start_time':'',
                   'time':'','sign':''}
        r = requests.post(self.base_url, data=payload)
        result = r.json()
        self.assertEqual(result['status'], 10012)
        self.assertEqual(result['message'], 'user sign null')

    def test_add_event_time_out(self):
        ''' 请求超时 '''
        now_time = str(int(self.client_time) - 61)
        payload = {'eid':1,'':'','limit':'','address':'','start_time':'',
                   'time':now_time,'sign':'abc'}
        r = requests.post(self.base_url, data=payload)
        result = r.json()
        self.assertEqual(result['status'], 10013)
        self.assertEqual(result['message'], 'user sign timeout')

    def test_add_event_sign_error(self):
        ''' 签名错误 '''
        payload = {'eid':1,'':'','limit':'','address':'','start_time':'',
                   'time':self.client_time,'sign':'abc'}
        r = requests.post(self.base_url, data=payload)
        result = r.json()
        self.assertEqual(result['status'], 10014)
        self.assertEqual(result['message'], 'user sign error')

    def test_add_event_success(self):
        ''' 添加成功 '''
        payload = {'eid':21,'name':'一加 5 手机发布会','limit':2000,
                   'address':"深圳宝体",'start_time':'2017-05-10 12:00:00',
                   'time':self.client_time,'sign':self.sign_md5}
        r = requests.post(self.base_url,data=payload)
        result = r.json()
        self.assertEqual(result['status'], 200)
        self.assertEqual(result['message'], 'add event success')


if __name__ == '__main__':
    unittest.main()
```

关于接口用例中签名字符串的生成与服务器端基本相同，这里不再赘述。

11.3 接口加密

常用的加密算法有很多种，我所负责测试的接口平台项目主要使用 AES 加密算法，所以对该算法有所了解，本节将介绍 AES 加密算法在项目接口中的应用。

11.3.1 PyCrypto 库

PyCrypto 是一个免费的加密算法库，支持常见的 DES、AES 加密，以及 MD5、SHA 等各种 HASH 运算。

PyPI 仓库地址：https://pypi.python.org/pypi/pycrypto

PyCrypto 在 Windows 系统中安装需要依赖于“vcvarsall.bat”文件，解决办法是安装庞大的 Visual Studio，或者其他通过烦琐的过程才能安装成功。所以，建议读者切换到 Linux（Ubuntu）下完成本小节的练习。

PyCrypto 可以做什么？在 PyPI 的下载页面给出了几个简单例子。接下来通过这些例子来演示 PyCrypto 库的强大之处。

1．例一

SHA-256 算法属于密码 SHA-2 系列哈希。它产生了一个消息的 256 位摘要。哈希值用作表示大量数据的固定大小的唯一值。数据的少量更改会在哈希值中产生不可预知的大量更改。

下面通过例子演示 SHA256 模块的使用。

Python Shell

```
Python 3.5.2 (default, Nov 17 2016, 17:05:23)
[GCC 5.4.0 20160609] on linux
Type "help", "copyright", "credits" or "license" for more information.
>>> from Crypto.Hash import SHA256
>>> hash = SHA256.new()
>>> hash.update(b'message')

# 使用digest()方法加密
```

```
>>> hash.digest()
b'\xabS\n\x13\xe4Y\x14\x98+y\xf9\xb7\xe3\xfb\xa9\x94\xcf\xd1\xf3\xfb"\xf7\x
1c\xea\x1a\xfb\xf0+F\x0cm\x1d'

# 使用 hexdigest()方法加密
>>> hash.hexdigest()
'ab530a13e45914982b79f9b7e3fba994cfd1f3fb22f71cea1afbf02b460c6d1d'
```

通过 digest()方法可以对字符串“message”进行加密。当然，通过 hexdigest()方法也可以将其转换为 16 进制的加密字符串。

2．例二

AES 是 Advanced Encryption Standard 的缩写，即高级加密标准，是目前非常流行的加密算法之一。

通过例子演示 AES 算法的加密与解密。

Python Shell

```
>>> from Crypto.Cipher import AES

# 加密
>>> obj = AES.new('This is a key123', AES.MODE_CBC, 'This is an IV456')
>>> message = "The answer is no"
>>> ciphertext = obj.encrypt(message)
>>> ciphertext
b'\xd6\x83\x8dd!VT\x92\xaa`A\x05\xe0\x9b\x8b\xf1'

#解密
>>> obj2 = AES.new('This is a key123', AES.MODE_CBC, 'This is an IV456')
>>> obj2.decrypt(ciphertext)
b'The answer is no'
```

❶ 加密

“This is a key123”为 key，长度有着严格的要求，必须为 16、24 或 32 位，否则将抛出错误：“ValueError: AES key must be either 16，24，or 32 bytes long”。

“This is an IV456”为 VI，长度要求更加严格，只能为 16 位。否则将抛出错误：“ValueError: IV must be 16 bytes long”。

通过 encrypt()方法对“message”字符串进行加密得到：b'\xd6\x83\x8dd!VT\x92\xaa`A\x05\xe0\x9b\x8b\xf1'。

❷ 解密

要想对加密字符串进行解密，则必须知道加密时所使用的 key 和 VI。通过 decrypt()方法对加密字符串进行解密得到：b'The answer is no'。

如果 key 和 VI 错误，则将无法得到正确的解密字符串。例如，把 key 修改为：'This is a key888'，则解密失败将会得到另一个新的加密字符串：b'\xb1\xf7\xc2\x9d\xf7|&\x05\x89\\\xa7\x17\x16\x06\x9b\xf4'。

例三

除此之外， PyCrypto 还提供一个强大的随机算法。

Python Shell

```
>>> from Crypto.Random import random
>>> random.choice(['dogs', 'cats', 'bears'])
'bears'
```

但这不是当前我们学习的重点。

11.3.2 AES 加密接口开发

已经对 AES 加密算法有了初步了解，接下来将它应用到接口开发中。这一小节的例子最为复杂，涉及不少知识点。做好准备，和我一起实现它吧！

这一次先从编写测试用例开始，因为加密的过程是在客户端进行的，也就是在测试用例当中进行。

Interface_AES_test.py

```
rom Crypto.Cipher import AES
import base64
```

```
import requests
import unittest
import json

class AESTest(unittest.TestCase):

    def setUp(self):
        BS = 16
        self.pad = lambda s: s + (BS - len(s) % BS) * chr(BS - len(s) % BS)

        self.base_url = "http://127.0.0.1:8000/api/sec_get_guest_list/"
        self.app_key = 'W7v4D60fds2Cmk2U'

    def encryptBase64(self,src):
        return base64.urlsafe_b64encode(src)

    def encryptAES(self,src, key):
        """
        生成 AES 密文
        """
        iv = b"1172311105789011"
        cryptor = AES.new(key, AES.MODE_CBC, iv)
        ciphertext = cryptor.encrypt(self.pad(src))
        return self.encryptBase64(ciphertext)

    def test_aes_interface(self):
        '''test aes interface'''
        payload = {'eid': '1', 'phone': '18011001100'}
        # 加密
        encoded = self.encryptAES(json.dumps(payload), self.app_key).decode()

        r = requests.post(self.base_url, data={"data": encoded})
        result = r.json()
        self.assertEqual(result['status'], 200)
        self.assertEqual(result['message'], "success")

if __name__ == '__main__':
    unittest.main()
```

将上面的代码拆解后分别进行介绍。

```
self.app_key = 'W7v4D60fds2Cmk2U'
```

```
payload = {'eid': '1', 'phone': '18011001100'}
```

首先，定义好 app_key 和接口参数，app_key 是密钥，只能告诉给合法的接口调用者，一定要保密噢！使用字典格式来存放接口参数。

```
encoded = self.encryptAES(json.dumps(payload), self.app_key).decode()
```

通过 json.dumps()方法将 payload 字典转化为 JSON 格式，和 app_key 一起作为 encryptAES()方法的参数，用于生成 AES 加密字符串。

```
def encryptAES(self,src, key):
    """生成 AES 密文"""
    iv = b"1172311105789011"
    cryptor = AES.new(key, AES.MODE_CBC, iv)
    ciphertext = cryptor.encrypt(self.pad(src))
    return self.encryptBase64(ciphertext)
```

IV 同样是保密的，我们知道它必须是 16 位。通过 encrypt()方法对 src（JSON 格式的接口参数）生成加密字符串。但是，encrypt()方法要求被加密的字符串长度必须是 16、24 或 32 位。如果直接生成可能会抛出错误：“**ValueError: Input strings must be a multiple of 16 in length**”。

可是，被加密字符串的长度是不可控的。因为接口参数的个数和长度是不固定的。所以，为了解决这个问题，还需要对字符串的长度进行处理，使它的长度符合 encrypt()方法的要求。

```
self.pad = lambda s: s + (BS - len(s) % BS) * chr(BS - len(s) % BS)
```

这是函数式编程的用法，通过 lambda 定义匿名函数来对字符串进行补足，使其长度变为 16、24 或 32 位。通过 encrypt()方法生成的加密字符串是这样的：

b'>_\x80\x1fi\x97\x8f\x94~\xeaE\xectBm\x9d\xa9\xc5\x85<+e\xa5lW\xe1\x84}\xfa\x8b\xb9\xde\x1a\x10J\xcd\xc5\xa1A4Z\xff\x05x\xe3\xf1\x00Z'

但这样的字符串太长，并不太适合传输。于是，通过 base64 模块的 urlsafe_b64encode()方法对 AES 加密字符串进行二次加密。最后，得到的加密字符串是这样的：

b'gouBbuKWEeY5wWjMx-nNAYDTion0ADOysaLw1uzzGOpvTTASpQGJu5p0WuDhZMiM'

至此，接口参数的加密过程结束。

```
r = requests.post(self.base_url, data={"data": encoded})
```

将加密后的字符串作为 data 参数发送接口请求。

当服务器接收到加密的接口参数后，需要再经过一系列过程进行解密。

views_if_sec.py

```
from Crypto.Cipher import AES
......

#=======AES 加密算法===============
BS = 16
unpad = lambda s : s[0: - ord(s[-1])]

def decryptBase64(src):
    return base64.urlsafe_b64decode(src)

def decryptAES(src, key):
    """
    解析 AES 密文
    """
    src = decryptBase64(src)
    iv = b"1172311105789011"
    cryptor = AES.new(key, AES.MODE_CBC, iv)
    text = cryptor.decrypt(src).decode()
    return unpad(text)

def aes_encryption(request):

    app_key = 'W7v4D60fds2Cmk2U'

    if request.method == 'POST':
        data = request.POST.get("data", "")
    else:
        return "error"

    # 解密
    decode = decryptAES(data, app_key)
    # 转化为字典
    dict_data = json.loads(decode)
    return dict_data
```

```
    app_key = 'W7v4D60fds2Cmk2U'
```

服务器端与合法客户端约定的密钥 app_key。

```
if request.method == 'POST':
    data = request.POST.get("data", "")
else:
    return "error"
```

判断客户端请求方法是否为 POST，通过 POST.get()方法接收 data 参数。如果请求方法不为 POST，则函数返回“error”字符串。

```
decode = decryptAES(data, app_key)
```

调用 decryptAES()函数解密，传参加密字符串和 app_key。

```
def decryptAES(src, key):
    """解析 AES 密文 """
    src = decryptBase64(src)
    iv = b"1172311105789011"
    cryptor = AES.new(key, AES.MODE_CBC, iv)
    text = cryptor.decrypt(src).decode()
    return unpad(text)
```

首先，调用 decryptBase64()方法，将 Base64 加密字符串解密为 AES 加密字符串。然后，通过 decrypt()对 AES 加密字符串进行解密。

```
def decryptBase64(src):
    return base64.urlsafe_b64decode(src)
```

通过 urlsafe_b64decode()方法对 Base64 加密字符串进行解密。

```
BS = 16
unpad = lambda s : s[0: - ord(s[-1])]
```

通过 upad 匿名函数对字符串的长度进行还原。至此，解密过程结束。

```
dict_data = json.loads(decode)
return dict_data
```

将解密后的字符串通过 json.loads()方法转化成字典，并将该字典作为 aes_encryption()函数的返回值。

在查询嘉宾列表的接口中调用 aes_encryption()函数进行 AES 加密字符串的解密。

views_if_sec.py

```
……
# 嘉宾查询接口----AES 算法
def get_guest_list(request):
    dict_data = aes_encryption(request)

    if dict_data == "error":
        return JsonResponse({'status':10011,'message':'request error'})

    # 取出对应的发布会 id 和嘉宾手机号
    eid = dict_data['eid']
    phone = dict_data['phone']

    eid = dict_data['eid']
    phone = dict_data['phone']
……
```

如果 aes_encryption()函数返回“error”，则说明该接口的方法调用错误，返回客户端“request error”。否则，取出解密字符串（字典）中的 eid 和 phone 的参数进行查询嘉宾列表的处理。

11.3.3　编写接口文档

查询嘉宾接口文档，如表 11.3 所示。

表 11.3　查询嘉宾接口

名称	查询嘉宾接口
描述	查询嘉宾接口
URL	http://127.0.0.1:8000/api/sec_get_guest_list/
调用方式	GET
传入参数	data 接口参数，通过 AES 加密
返回值	{ "data": [{ "email": "david@mail.com", "phone": "13800110005", "realname": "david", "sign": false },

续表

返回值	{
	"email": "david@mail.com",
	"phone": "13800110005",
	"realname": "david",
	"sign": false
	},
	{
	"email": "david@mail.com",
	"phone": "13800110005",
	"realname": "david",
	"sign": false
	}
	],
	"message": "success",
	"status": 200
	}

状态码	10011: request error 10021: eid cannot be empty 10022: query result is empty 200: success

说明	app_key = 'W7v4D60fds2Cmk2U' #密钥
	payload={'eid': '1', 'phone': '18011001100'} #接口真实参数
	j_str =json.dumps(payload) #将参数转化为 JSON 格式
	data = encryptAES(j_str, app_key) #进行 AES 算法加密，生成 datas 接口参数

11.3.4 补充接口测试用例

最后，再来补充一些查询嘉宾列表接口的测试用例。

Interface_AES_test.py

```
......

    def test_get_guest_list_request_error(self):
        ''' requests error '''
        payload = {'eid': '','phone': ''}
```

```
        encoded = self.encryptAES(json.dumps(payload), self.app_key).decode()

        r = requests.post(self.base_url, data={"data": encoded})
        result = r.json()
        self.assertEqual(result['status'], 10021)
        self.assertEqual(result['message'], 'eid cannot be empty')

    def test_get_guest_list_eid_null(self):
        ''' eid 参数为空 '''
        payload = {'eid': '','phone': ''}
        encoded = self.encryptAES(json.dumps(payload), self.app_key).decode()

        r = requests.post(self.base_url, data={"data": encoded})
        result = r.json()
        self.assertEqual(result['status'], 10021)
        self.assertEqual(result['message'], 'eid cannot be empty')

    def test_get_event_list_eid_error(self):
        ''' 根据 eid 查询结果为空 '''
        payload = {'eid': '901','phone': ''}
        encoded = self.encryptAES(json.dumps(payload), self.app_key).decode()

        r = requests.post(self.base_url, data={"data": encoded})
        result = r.json()
        self.assertEqual(result['status'], 10022)
        self.assertEqual(result['message'], 'query result is empty')

    def test_get_event_list_eid_success(self):
        ''' 根据 eid 查询结果成功 '''
        payload = {'eid': '1','phone': ''}
        encoded = self.encryptAES(json.dumps(payload), self.app_key).decode()

        r = requests.post(self.base_url, data={"data": encoded})
        result = r.json()
        self.assertEqual(result['status'], 200)
        self.assertEqual(result['message'], 'success')
        self.assertEqual(result['data'][0]['realname'],'alen')
        self.assertEqual(result['data'][0]['phone'],'18011001100')

    def test_get_event_list_eid_phone_null(self):
        ''' 根据 eid 和 phone 查询结果为空 '''
```

```
        payload = {'eid':2,'phone':'10000000000'}
        encoded = self.encryptAES(json.dumps(payload), self.app_key).decode()

        r = requests.post(self.base_url, data={"data": encoded})
        result = r.json()
        self.assertEqual(result['status'], 10022)
        self.assertEqual(result['message'], 'query result is empty')

    def test_get_event_list_eid_phone_success(self):
        ''' 根据 eid 和 phone 查询结果成功 '''
        payload = {'eid':1,'phone':'18011001100'}
        encoded = self.encryptAES(json.dumps(payload), self.app_key).decode()

        r = requests.post(self.base_url, data={"data": encoded})
        result = r.json()
        self.assertEqual(result['status'], 200)
        self.assertEqual(result['message'], 'success')
        self.assertEqual(result['data']['realname'],'alen')
        self.assertEqual(result['data']['phone'],'18011001100')


if __name__ == '__main__':
    unittest.main()
```

封装好了 AES 算法的加密方法后，在接口测试用例中调用即可，过程并不复杂。

至此，本章内容结束。我相信这一章对于你来说有一定的难度，但是我已经尽量用简化的例子介绍这些技术的使用了。关于接口的安全机制，还有很多加密算法和加密策略值得我们学习。介于我的水平有限，这里只能起一个抛砖引玉的作用。

第 12 章
Web Services

首先声明，本章所介绍的 Web Services 技术可能已经不再流行，我从一些资料中得到的信息确实如此，如果你的工作中从来没用到过这项技术的话，那么你可以直接跳过这一章。

可是为什么还要花费一整章来介绍一个看似不再流行的技术呢？出于两个原因：一个是在接口技术中，Web Services 曾经非常流行，而且它并未完全退出历史；另一个原因是第 12 章要介绍的 REST 也属于 Web Services 技术范畴，所以，我们有必要了解完整的 Web Services 技术体系。

整理这一章资料的过程是比较痛苦的，Web Services 是一项不太容易讲清楚的技术，我花了不少时间来阅读相关的资料，由于涉及的概念比较多，不同的厂商和专家对这些概念的解释也不完全相同。因而在概念的选择上我比较倾向于已出版的书籍中的解释。不过，我仍然希望你能用怀疑的态度来学习这一章。

12.1 Web Services 相关概念

1. SOA

全称 Service-Oriented Architecture，简称 SOA，译为面向服务架构，又称为“面向服务的体系结构”。

SOA 的提出是在企业计算领域，就是要将紧耦合的系统，划分为面向业务的，粗粒度、松耦合、无状态的服务。服务发布出来供其他服务调用，一组互相依赖的服务就构成了 SOA 架构下的系统。

既然称它为一种架构，那么一般认为 SOA 是包含了运行环境、编程模型、架构风格和相关方法论等在内的一整套新的分布式软件系统构造方法和环境，涵盖服务的整个生命周期。

service-architecture.com 网站对 SOA 的定义：

SOA 本质上是服务的集合。服务间彼此通信，这种通信可能是简单的数据传送，也可能是两个或更多的服务协调进行某些活动。服务间需要某些方法进行连接。

所谓**服务**就是精确定义、封装完善、独立于其他服务所处环境和状态的函数。

虽然不同厂商或个人对 SOA 有着不同的理解，但是我们仍然可以从上述的定义中看到 SOA 的几个关键特性：

一种粗粒度、松耦合的服务架构，服务之间通过简单、精确定义接口进行通信，不涉及底层编程接口和通信模型。

对于 SOA 来说，我们不需要太过较真 SOA 到底是一个怎样的架构，只要符合它的定义和规范的软件系统都可以认为是 SOA 架构。

2．SOA 与 Web Services

早在 1996 年，Gartner 就前瞻性地提出了面向服务架构的思想（SOA），SOA 阐述了“对于复杂的企业 IT 系统，应按照不同的、可重用的粒度划分，将功能相关的一组功能提供者组织在一起为消费者提供服务”，其目的是解决企业内部不同 IT 资源之间无法互联而导致的信息孤岛问题。

直到 2000 年左右，ESB（Enterprise Service Bus）、Web Services、SOAP 等这类技术的出现，才使得 SOA 逐渐落地。同时，更多的厂商像 IBM、Oracle 等也分别提出基于 SOA 的解决方案或者产品。

因为现在几乎所有的 SOA 应用场合都是和 Web Services 绑定的，所以有时候这两个概念不免混用。不可否认 Web Services 是现在最适合实现 SOA 的技术，SOA 的走红在很大程度上归功于 Web Services 标准的成熟和应用普及。因为现在大家基本上认同 Web Services 技术在几方面体现了 SOA 的需要。

首先，是基于标准访问的独立功能实体满足了松耦合要求：在 Web Services 中，所有的访问都通过 SOAP 访问进行，用 WSDL 定义的接口封装，通过 UDDI 进行目录查找，可以动态改变一个服务的提供方而无须影响客户端的配置，外界客户端根本不必关心访问服务器端的实现。

其次，适合大数据量低频率访问符合服务大颗粒度功能：基于性能和效率平衡的要求，SOA 服务提供的是大颗粒度的应用功能，而且跨系统边界的访问频率也不会像程序间函数调用那么频繁。通过使用 WSDL 和基于文本（Literal）的 SOAP 请求，可以实现一次性接收处理大量数据。

最后，基于标准的文本消息传递为异构系统提供了通信机制：Web Services 所有的通信都是通过 SOAP 进行的，而 SOAP 是基于 XML 的，XML 是结构化的文本消息。从最早的 EDI（Electronic Data Interchange）开始，文本消息也许是异构系统间通信最好的消息格式，适用于 SOA 强调的服务对异构后宿主系统的透明性。

综合上述观点，Web Services 不愧为当前 SOA 的最好选择。然而，就 SOA 思想本身而言，并不一定要局限于 Web Services 方式的实现。更应该看到的是 SOA 本身强调的是实现业务逻辑的敏捷性要求，是从业务应用角度对信息系统实现和应用的抽象。随着人们认识的提高，还会有新技术不断地被发明出来，来更好地满足这个要求。

用一句话总结它们之间的关系：**“SOA 不是 Web Services，Web Services 是目前最适合实现 SOA 的技术。”**

3．Web Services

在解释 Web Services 之前，先抛出一个问题。有没有一种技术可以实现跨平台、跨应用程序进行通信呢？

跨平台，是指用 Java 开发的系统和用.NET 开发的系统是否可以通信。

跨应用程序，是指开发的 A 系统和开发的 B 系统之间是否可以通信。

这样的需求非常普遍，如图 12.1 所示，腾讯 QQ 上自带的天气功能。

图 12.1　QQ 天气预报

腾讯要想获得实时的天气信息怎么办呢？有一种办法，就是腾讯公司放一个卫星上天，并且在公司中成立一个气象部门，实时地收集天气信息，然后实时为腾讯 QQ 提供天气预报服务。这显然不是一种明智的做法，因为获取天气信息的成本过高。

更简单的做法是由中国气象局提供实时天气信息的接口，由腾讯公司调用并展示在 QQ 上面。那么这就遇到我上面所说的问题，如何跨应用与跨平台调用接口。

这个时候聪明的你会跳出来说，前面不是已经通过 HTTP 协议实现了接口的调用吗？用 HTTP 协议就可以了。嗯！这是完全可以的。不过，我们并不能拿 HTTP 与 Web Services 来进行比较。

HTTP 是互联网上应用最为广泛的一种网络传输协议，而 Web Services 是一种部署在 Web 上的对象或者是应用程序组件，Web Services 数据的传输同样需要借助 HTTP 协议。

Web Services 的详细描述如下：

Web Services 是一个平台独立的、低耦合的、自包含的、基于可编程的 Web 应用程序，可使用开放的 XML（标准通用标记语言下的一个子集）标准来描述、发布、发现、协调和配置这些应用程序，用于开发分布式的、互操作的应用程序。

4. SOAP

Simple Object Access Protocol，简称 SOAP，即简单对象访问协议。

SOAP 是基于 XML 在分散或分布式的环境中交换信息的简单的协议。允许服务提供者和服务客户经过防火墙在互联网上进行通信。

SOAP 的设计为在一个松散的、分布的环境中使用 XML 对等地交换结构化的和类型化的信息提供了一个简单且轻量级的机制。

XML 是可扩展标记语言。

```
<bookstore>
   <book category="COOKING">
      <title lang="en">Everyday Italian</title>
      <author>Giada De Laurentiis</author>
      <year>2005</year>
      <price>30.00</price>
   </book>
</bookstore>
```

SOAP 消息的基本结构如下。

```
<?xml version="1.0"?>
<soap:Envelope xmlns:soap="http://www.w3.org/2001/12/soap-envelope"
soap:encodingStyle="http://www.w3.org/2001/12/soap-encoding">

  <soap:Header>
      ...
      ...
  </soap:Header>

  <soap:Body>
      ...
      ...
      <soap:Fault>
        ...
        ...
      </soap:Fault>
  </soap:Body>

</soap:Envelope>
```

当 SOAP 消息真正需要在网络上传输的时候，SOAP 消息能够与不同的底层传输协议进行绑定，同时，SOAP 消息也可以在多种消息传输模式中使用，包括超文本传输协议（HTTP）、简单邮件传输协议（SMTP）以及多用途网际邮件扩充协议（MIME）。它还支持从消息系统到远程过程调用协议（RPC）等大量的应用程序。

当然，大多数情况还是绑定在 HTTP 协议上面传输。所以，这就导致许多人认为 SOAP 就是 HTTP + XML，或者认为 SOAP 是 HTTP 的 POST 请求的一个专用版本，遵循一种特殊的

XML 消息格式。虽然，我们看到的情况确实如此，但显然这些观点对 SOAP 的解释是错误和片面的。

如图 12.2 所示为 SOAP 消息实例，利用 HTTP 协议向手机号码查询服务请求的 SOAP 消息。

```
250 58.672157000 192.168.1.3 61.147.124.120 HTTP/XML 462 POST /WebServices/MobileCo...
⊟ Hypertext Transfer Protocol
  ⊟ POST /WebServices/MobileCodeWS.asmx HTTP/1.1\r\n
    ⊟ [Expert Info (Chat/Sequence): POST /WebServices/MobileCodeWS.asmx HTTP/1.1\r\n]
        [Message: POST /WebServices/MobileCodeWS.asmx HTTP/1.1\r\n]
        [Severity level: Chat]
        [Group: Sequence]
      Request Method: POST
      Request URI: /WebServices/MobileCodeWS.asmx
      Request Version: HTTP/1.1
    Accept-Encoding: identity\r\n
    Host: ws.webxml.com.cn\r\n
    Connection: close\r\n
    Soapaction: "http://WebXml.com.cn/getMobileCodeInfo"\r\n
    User-Agent: Python-urllib/3.5\r\n
  ⊟ Content-Length: 408\r\n
      [Content length: 408]
    Content-Type: text/xml; charset=utf-8\r\n
    \r\n
    [Full request URI: http://ws.webxml.com.cn/WebServices/MobileCodeWS.asmx]
⊟ eXtensible Markup Language
  ⊞ <?xml
  ⊟ <SOAP-ENV:Envelope
      xmlns:SOAP-ENV="http://schemas.xmlsoap.org/soap/envelope/"
      xmlns:ns1="http://WebXml.com.cn/"
      xmlns:xsi="http://www.w3.org/2001/XMLSchema-instance"
      xmlns:ns0="http://schemas.xmlsoap.org/soap/envelope/">
      <SOAP-ENV:Header/>
    ⊟ <ns0:Body>
      ⊟ <ns1:getMobileCodeInfo>
        ⊟ <ns1:mobileCode>
            18638945149
            </ns1:mobileCode>
          </ns1:getMobileCodeInfo>
        </ns0:Body>
      </SOAP-ENV:Envelope>
```

图 12.2　SOAP 信息实例

5. WSDL

Web Services Description Language，网络服务描述语言，简称 WSDL。它是一门基于 XML 的语言，用于描述 Web Services 以及如何对它们进行访问。

WSDL 文档主要使用以下几个元素来描述某个 Web Services。

◎ <portType>：Web Services 执行的操作。
◎ <message>：Web Services 使用的消息。
◎ <types>：Web Services 使用的数据类型。
◎ <binding>：Web Services 使用的通信协议。

```
<wsdl:definitions xmlns:wsa="http://schemas.xmlsoap.org/ws/2003/03/a
ddressing" xmlns:tns="tns" xmlns:plink="http://schemas.xmlsoap.org/ws/2
003/05/partner-link/" xmlns:xop="http://www.w3.org/2004/08/xop/include"
xmlns:senc="http://schemas.xmlsoap.org/soap/encoding/" xmlns:s12env="ht
tp://www.w3.org/2003/05/soap-envelope/" xmlns:s12enc="http://www.w3.org
/2003/05/soap-encoding/" xmlns:xs="http://www.w3.org/2001/XMLSchema"xml
ns:wsdl="http://schemas.xmlsoap.org/wsdl/" xmlns:xsi="http://www.w3.org
/2001/XMLSchema-instance" xmlns:senv="http://schemas.xmlsoap.org/soap/e
nvelope/" xmlns:soap="http://schemas.xmlsoap.org/wsdl/soap/"targetNames
pace="tns" name="Application">
 <wsdl:types>
   <xs:schema targetNamespace="tns" elementFormDefault="qualified">
     <xs:import namespace="http://www.w3.org/2001/XMLSchema"/>
     <xs:complexType name="say_hello">
       <xs:sequence>
         <xs:element name="name" type="xs:string" minOccurs="0" nillabl
      e="true"/>
       </xs:sequence>
     </xs:complexType>
     <xs:complexType name="say_helloResponse">
       <xs:sequence>
         <xs:element name="say_helloResult" type="xs:string" minOccurs=
      "0" nillable="true"/>
       </xs:sequence>
     </xs:complexType>
     <xs:element name="say_hello" type="tns:say_hello"/>
     <xs:element name="say_helloResponse" type="tns:say_helloResponse"/
  >
   </xs:schema>
 </wsdl:types>
 <wsdl:message name="say_hello">
   <wsdl:part name="say_hello" element="tns:say_hello"/>
 </wsdl:message>
 <wsdl:message name="say_helloResponse">
   <wsdl:part name="say_helloResponse" element="tns:say_helloResponse"/
>
 </wsdl:message>
 <wsdl:portType name="Application">
   <wsdl:operation name="say_hello" parameterOrder="say_hello">
     <wsdl:input name="say_hello" message="tns:say_hello"/>
     <wsdl:output name="say_helloResponse" message="tns:say_helloRespon
  se"/>
```

```
    </wsdl:operation>
  </wsdl:portType>
  <wsdl:binding name="Application" type="tns:Application">
    <soap:binding style="document" transport="http://schemas.xmlsoap.org
/soap/http"/>
    <wsdl:operation name="say_hello">
      <soap:operation soapAction="say_hello" style="document"/>
      <wsdl:input name="say_hello">
        <soap:body use="literal"/>
      </wsdl:input>
      <wsdl:output name="say_helloResponse">
        <soap:body use="literal"/>
      </wsdl:output>
    </wsdl:operation>
  </wsdl:binding>
  <wsdl:service name="Application">
    <wsdl:port name="Application" binding="tns:Application">
      <soap:address location="http://10.2.70.10:7789/SOAP/?wsdl"/>
    </wsdl:port>
  </wsdl:service>
    </wsdl:definitions>
```

❶ WSDL 端口

<portType> 元素是最重要的 WSDL 元素。

它可描述一个 Web Services 可被执行的操作，以及相关的消息。可以把 <portType> 元素比作传统编程语言中的一个函数库（或一个模块，或一个类）。

❷ WSDL 消息

<message> 元素定义一个操作的数据元素。

每个消息均由一个或多个部件组成。可以把这些部件比作传统编程语言中一个函数调用的参数。

❸ WSDL types

<types> 元素定义 Web Service 使用的数据类型。

为了最大程度的平台中立性，WSDL 使用 XML Schema 语法来定义数据类型。

❹ WSDL Bindings

<binding> 元素为每个端口定义消息格式和协议细节。

对于接口来说，接口文档非常重要，它描述如何访问接口。WSDL 可以看作是 Web Services 接口的一种标准格式的“文档”。我们通过阅读 WSDL 就知道如何调用 Web Service 接口。

6. UDDI

Universal Description Discovery and Integration，简称 UDDI，可译为“通用描述、发现与集成服务”。

WSDL 用来描述访问特定 Web Services 的一些相关的信息，那么在互联网上，或者在企业的不同部门之间，如何来发现我们所需要的 Web Services 呢？而 Web Services 提供商又如何将自己开发的 Web Services 公布到互联网上呢？这就需要使用到 UDDI 了。

UDDI 是一个独立于平台的框架，通过使用 Internet 来描述服务，发现企业，并对企业服务进行集成。

UDDI 指的是通用描述、发现与集成服务。

UDDI 是一种用于存储有关 Web Services 的信息的目录。

◎　UDDI 是一种由 WSDL 描述的 Web Services 界面的目录。

◎　UDDI 经由 SOAP 进行通信。

◎　UDDI 被构建入了微软的 .NET 平台。

如图 12.3 和图 12.4 所示，为 UDDI 的安装与发布。

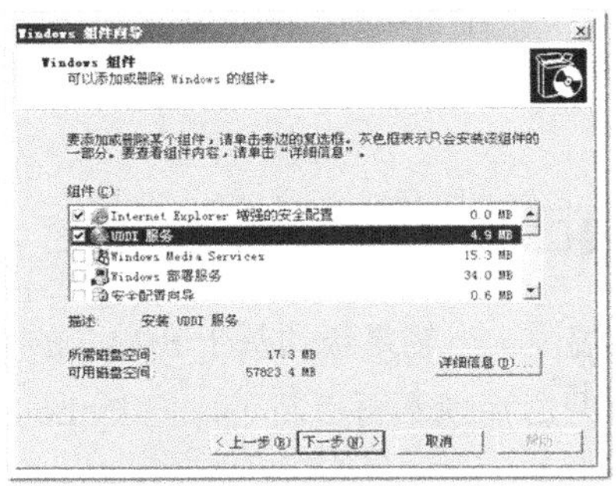

图 12.3　Windows 组件添加 UDDI 服务

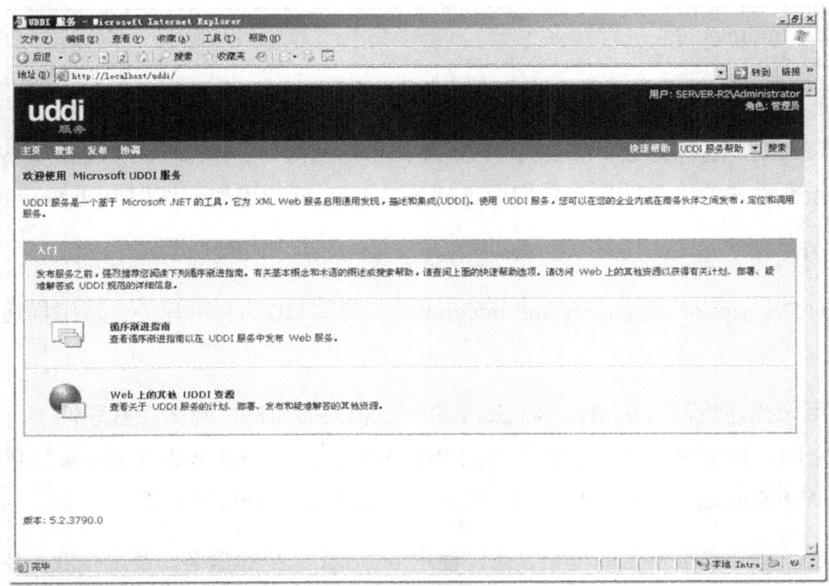

图 12.4　UDDI 发布页面

UDDI 可以帮助 Web 服务提供商在互联网上发布 Web Services 的信息。UDDI 是一种目录服务，企业可以通过 UDDI 来注册和搜索 Web Services。

通过上面的介绍，SOAP、WSDL 和 UDDI 就构成了 Web Services 的三要素。

12.2　Web Services 的开发与调用

Python 并不擅长开发 Web Services 接口，而且开发的 Web Services 接口在性能上也没什么优势可言。但是，谁让 Python 简单呢！各种应用都能找相关的库，Web Services 的开发与调用也不例外。

12.2.1　suds-jurko 调用接口

Suds 是 Web Services 客户端中一个轻量级的基于 SOAP 的 Python 客户端。根据 PyPI 仓库中的版本，该项目在 2010 年 9 月之后就不再更新了，但 Python 2 用户仍然可以使用该项目。

Suds-jurko 基于 Suds，它的目的是希望原有的 Suds 项目继续得到发展。然而，该项目在 2014 年 1 月停止了更新，不过，它对 Python 3 做了支持。

PyPI 地址：https://pypi.python.org/pypi/suds-jurko。

wexml.com.cn 网站提供了一些已经发布的 Web Services 接口，例如，2500 多个城市天气预报 Web 服务、国内手机号码归属地查询 Web 服务、 国内飞机航班时刻表 Web 服务、火车时刻表 Web 服务等。

网站地址：http://www.webxml.com.cn/zh_cn/web_services.aspx。

有了这些公共的 Web 服务接口，我们就可以通过 Suds-jurko 来调用这些接口了。以手机号码归属地的查询为例，创建 soap_client.py 文件。

soap_client.py

```
from suds.client import Client

# 使用库 suds_jurko: https://bitbucket.org/jurko/suds
# Web Services 查询: http://www.webxml.com.cn/zh_cn/web_services.aspx

# 电话号码归属地查询
url = 'http://ws.webxml.com.cn/WebServices/MobileCodeWS.asmx?wsdl'
client = Client(url)
print(client)
```

具体 Web 服务的 URL 地址以网站提供的为准。执行程序，得到如下结果。

cmd.exe

```
> python3 soap_client.py

Suds ( https://fedorahosted.org/suds/ )  version: 0.6

Service ( MobileCodeWS ) tns="http://WebXml.com.cn/"
   Prefixes (1)
      ns0 = "http://WebXml.com.cn/"
   Ports (2):
      (MobileCodeWSSoap)
         Methods (2):
            getDatabaseInfo()
            getMobileCodeInfo(xs:string mobileCode, xs:string userID)
         Types (1):
            ArrayOfString
```

```
    (MobileCodeWSSoap12)
      Methods (2):
         getDatabaseInfo()
         getMobileCodeInfo(xs:string mobileCode, xs:string userID)
      Types (1):
         ArrayOfString
```

通过查看接口返回的信息，了解到该接口提供 getMobileCodeInfo()方法来查询手机号码归属地，方法接收两个参数 mobileCode 和 userID。mobileCode 为查询的手机号码，userID 为注册网站之后随机分配的用户 ID。但经过测试发现，不用 userID 也可以调用该接口。

知道了 Web 服务的具体方法和参数后就可以调用接口了。

soap_client.py

```
from suds.client import Client

# 使用库 suds_jurko: https://bitbucket.org/jurko/suds
# web service 查询: http://www.webxml.com.cn/zh_cn/web_services.aspx

# 电话号码归属地查询
url = 'http://ws.webxml.com.cn/WebServices/MobileCodeWS.asmx?wsdl'
client = Client(url)
result = client.service.getMobileCodeInfo('186XXXXXXXX')
print(result)
```

为了保护隐私，我故意将代码中的手机号码后 8 位用“X”字母做了替换，你可以使用任意手机号码来替换。再次运行程序得到如下结果。

cmd.exe

```
> python3 soap_client.py
186XXXXXXXX: 北京 北京 北京联通 GSM 卡
```

Web Services 的接口调用是不是很简单，那我们再来调用一个查询天气的接口。

soap_client2.py

```
from suds.client import Client

url = 'http://ws.webxml.com.cn/WebServices/WeatherWS.asmx?wsdl'
client = Client(url)
print(client)
```

执行程序，得到如下结果。

cmd.exe

```
> python3 soap_client2.py
Traceback (most recent call last):
  File "soap_client2.py", line 4, in <module>
    client = Client(url)
  File
"C:\Python35\lib\site-packages\suds_jurko-0.6-py3.5.egg\suds\client.py",
line 115, in __init__

……

suds.TypeNotFound: Type not found: '(schema,
http://www.w3.org/2001/XMLSchema, )'
```

这次程序却报出了一大段错误，这是因为有些 Web Services 接口要求在被调用时显式地指定调用标准。修改代码如下。

soap_client2.py

```
from suds.client import Client
from suds.xsd.doctor import ImportDoctor, Import

url = 'http://www.webxml.com.cn/WebServices/WeatherWebService.asmx?wsdl'

imp = Import('http://www.w3.org/2001/XMLSchema',
          location='http://www.w3.org/2001/XMLSchema.xsd')
imp.filter.add('http://WebXml.com.cn/')

client = Client(url, plugins=[ImportDoctor(imp)])
result = client.service.getWeatherbyCityName("北京")
print(result)
```

再次执行程序。

cmd.exe

```
> python3 soap_client2.py
(ArrayOfString){
   string[] =
      "直辖市",
      "北京",
      "54511",
      "54511.jpg",
      "2016-12-23 23:00:22",
      "-6℃/3℃",
      "12 月 23 日 晴转多云",
      "南风转北风微风",
      "0.gif",
      "1.gif",
      "今日天气实况：气温：0℃；风向/风力：西南风 2 级；湿度：49%；紫外线强度：弱。空气质量：
中。",
      "紫外线指数：弱，辐射较弱，涂擦 SPF12-15、PA+护肤品。
感冒指数：较易发，温差较大，较易感冒，注意防护。
穿衣指数：冷，建议着棉衣加羊毛衫等冬季服装。
洗车指数：较适宜，无雨且风力较小，易保持清洁度。
运动指数：较不宜，推荐您进行各种室内运动。
空气污染指数：中，易感人群应适当减少室外活动。
",
      "-5℃/3℃",
      "12 月 24 日 多云",
      "南风转北风微风",
      "1.gif",
      "1.gif",
      "-2℃/3℃",
      "12 月 25 日 霾",
      "南风转北风微风",
      "18.gif",
      "18.gif",
      "北京位于华北平原西北边缘，市中心位于北纬 39 度，东经 116 度，四周被河北省围着，东南和
天津市相接。全市面积一万六千多平方公里，辖 12 区 6 县，人口 1100 余万。北京为暖温带半湿润大陆
性季风气候，夏季炎热多雨，冬季寒冷干燥，春、秋短促，年平均气温 10～12 摄氏度。北京是世界历史
文化名城和古都之一。早在 70 万年前，北京周口店地区就出现了原始人群部落“北京人”。而北京建城
也已有两千多年的历史，最初见于记载的名字为“蓟”。公元前 1045 年北京成为蓟、燕等诸侯国的都城；
```

```
公元前 221 年秦始皇统一中国以来，北京一直是中国北方重镇和地方中心；自公元 938 年以来，北京又先后成为辽陪都、金上都、元大都、明清国都。1949 年 10 月 1 日正式定为中华人民共和国首都。北京具有丰富的旅游资源，对外开放的旅游景点达 200 多处，有世界上最大的皇宫紫禁城、祭天神庙天坛、皇家花园北海、皇家园林颐和园，还有八达岭、慕田峪、司马台长城以及世界上最大的四合院恭王府等名胜古迹。全市共有文物古迹 7309 项，其中国家文物保护单位 42 个，市级文物保护单位 222 个。北京的市树为国槐和侧柏，市花为月季和菊花。另外，北京出产的象牙雕刻、玉器雕刻、景泰蓝、地毯等传统手工艺品驰誉世界。",
 }
```

这个天气信息足够详细，除天气信息外，还对北京市做了简单介绍。如果你想为你的系统提供天气功能，只需要调用该 Web 服务所提供的接口就可以轻松实现，这看上去非常不错。

12.2.2 spyne 开发接口

比起 Web Services 接口的调用，我更好奇 Web Services 接口是如何开发的。因为通过前面的概念介绍可以发现，它看上去是一个非常复杂的技术。但在 Python 中能找到开发 Web Services 应用的库，还真有！

soaplib 是一个简单的、易于扩展的 SOAP 库，是用于创建和发布 SOAP Web Service 的专业工具。然而，这个项目在 2011 年 3 月就停止了更新，但 Python 2 的用户仍然可以使用该库开发 Web Services 应用。

spyne 是一个传输与体系结构无关的 RPC 库，专注于公开服务并且具有良好定义的 APIS 它是到目前还在维护的 Web Services 应用开发库，它的使用方法和 soaplib 一样简单，并且支持 Python 3。

PyPI 地址：https://pypi.python.org/pypi/spyne

官方网站：http://spyne.io/

参考 spyne 官方文档，spyne 支持多种输入协议与输出协议，这里以 SOAP 1.1 为例。

soap_server.py

```
from spyne import Application, rpc, ServiceBase, Iterable, Integer, Unicode
from spyne.server.wsgi import WsgiApplication
from spyne.protocol.soap import Soap11
```

```
class HelloWorldService(ServiceBase):
    @rpc(Unicode, Integer, _returns=Iterable(Unicode))
    def say_hello(ctx, name, times):
        for i in range(times):
            yield 'Hello, %s' % name

application = Application([HelloWorldService],
    tns='spyne.examples.hello',
    in_protocol=Soap11(validator='lxml'),
    out_protocol=Soap11()
)

if __name__ == '__main__':
    # You can use any Wsgi server. Here, we chose
    # Python's built-in wsgi server but you're not
    # supposed to use it in production.
    from wsgiref.simple_server import make_server
    wsgi_app = WsgiApplication(application)
    server = make_server('192.168.127.131', 8000, wsgi_app)
    server.serve_forever()
```

建议该程序在 Linux 下运行。这里开发了一个 say_hello()的接口，它需要两个参数：name 和 times。接口会对 name 返回 times 次的“hello, name”，相当简单。

192.168.127.131 为运行程序的主机 IP 地址，8000 为端口号，作为一个 Web Service 服务器。

启动 Web Services 服务。

Ubuntu 终端

```
fnngj@ubuntu:~$ python3 soap_server.py
```

前面已经介绍了 Suds-jurko 的用法，这里直接用它来调用接口。

soap_client3.py

```
from suds.client import Client

url = "http://192.168.127.131:8000/?wsdl"
```

```
client = Client(url)
result = client.service.say_hello("bugmaster", 3)
print(result)
```

执行结果。

cmd.exe

```
> python3 soap_client3.py
(stringArray){
   string[] =
      "Hello, bugmaster",
      "Hello, bugmaster",
      "Hello, bugmaster",
 }
```

知道了 Web Services 接口如何调用后，如果想对它进行自动化测试，则只需使用前面所学习的知识，将它整合到接口自动化测试框架就可以了，具体可参考本书第 10 章。

12.3 JMeter 测试 SOAP 接口

在本书的第 9 章中对 JMeter 如何测试 HTTP 协议接口做了简单介绍，它同样可以测试 SOAP 协议开发的 Web Services 接口。

打开 JMeter 工具，创建 SOAP 接口测试。右击“线程组”，在快捷菜单中选择“Sampler”→“SOAP/XML-RPC Request”，如图 12.5 所示。

图 12.5 添加 SOAP 测试

如图 12.6 所示，配置 SOAP/XML-RPC 请求。

SOAP/XML-RPC Request

名称： SOAP/XML-RPC Request

注释： 国内手机号码归属地查询

URL http://ws.webxml.com.cn/WebServices/MobileCodeWS.asmx?wsdl

☐ Send SOAPAction:

☑ Use KeepAlive

Soap/XML-RPC Data

```
<SOAP-ENV:Envelope
  xmlns:ns0="http://schemas.xmlsoap.org/soap/envelope/"
  xmlns:ns1="http://WebXml.com.cn/"
  xmlns:xsi="http://www.w3.org/2001/XMLSchema-instance"
  xmlns:SOAP-ENV="http://schemas.xmlsoap.org/soap/envelope/">
  <SOAP-ENV:Header/>
  <ns0:Body>
    <ns1:getMobileCodeInfo>
      <ns1:mobileCode>186</ns1:mobileCode>
    </ns1:getMobileCodeInfo>
  </ns0:Body>
</SOAP-ENV:Envelope>
```

图 12.6　SOAP/XML-RPC 请求

以国内手机号码归属地查询接口为例，URL 为：

http://ws.webxml.com.cn/WebServices/MobileCodeWS.asmx?wsdl

勾选 Use KeepAlive 复选框，在 Soap/XML-PRC Data 文本框中填写 XML 格式的 SOAP 请求数据。

如果你不知道接口参数如何描述，那么可以使用 Suds-jurko 编写脚本调用接口，然后通过 Wireshark 抓包工具捕捉 SOAP 请求，如图 12.7 所示。

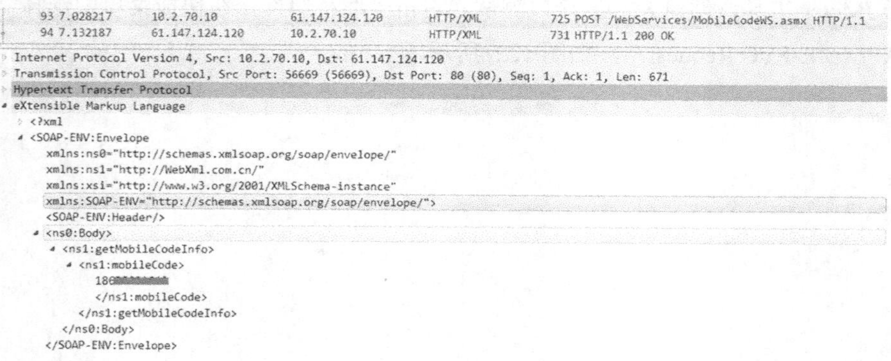

图 12.7　SOAP 请求

XML 格式的 SOAP 请求信息如下：

```
<SOAP-ENV:Envelope
   xmlns:ns0="http://schemas.xmlsoap.org/soap/envelope/"
   xmlns:ns1="http://WebXml.com.cn/"
   xmlns:xsi="http://www.w3.org/2001/XMLSchema-instance"
   xmlns:SOAP-ENV="http://schemas.xmlsoap.org/soap/envelope/">
   <SOAP-ENV:Header/>
   <ns0:Body>
      <ns1:getMobileCodeInfo>
         <ns1:mobileCode>186XXXXXXXX</ns1:mobileCode>
      </ns1:getMobileCodeInfo>
   </ns0:Body>
</SOAP-ENV:Envelope>
```

运行测试，察看结果树如图 12.8 所示。

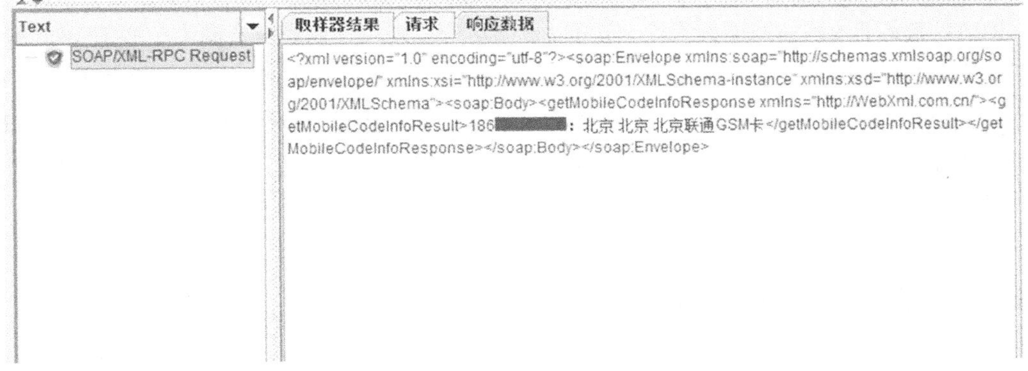

图 12.8　察看结果树

第 13 章 REST

关于 Web Services 技术，在第 12 章中的介绍并不完整，REST 同样属于 Web Services 技术范畴。

REST 定义了一组体系架构原则，你可以根据这些原则设计以系统资源为中心的 Web 服务，包括使用不同语言编写的客户端如何通过 HTTP 处理和传输资源状态。如果考虑使用它的 Web 服务的数量，那么可以说 REST 近年来已经成为最主要的 Web 服务设计模型。事实上，REST 对 Web 的影响非常大，由于它的使用非常方便，因此已经普遍取代了基于 SOAP 和 WSDL 的接口设计。

13.1 RPC 与 REST

1. RPC

RPC 是 Remote Procedure Call 的缩写，即远程过程调用。它是 Web Services 领域广为流行的一种开发风格。

RPC 风格的开发关注于服务器/客户端之间的方法调用，而并不关注基于哪个网络层的哪种协议。RPC 风格的代表是 XML-RPC 和大 Web 服务。

（1）XML-RPC

XML-RPC 是一种使用 XML 格式封装方法的调用，并使用 HTTP 协议作为传送机制的 RPC 风格的实现。XML-RPC 的请求方法都是 HTTP 协议的 POST 方法，请求和响应的数据格式均为 XML。

XML-RPC 是一种遗留技术，已经被 SOAP 取代。测试用例管理系统 TestLink 的对外接口就是使用 PHP 开发的 XML-RPC。

（2）大 Web 服务

大 Web 服务（即 Big Web Services）是基于 SOAP + WSDL + UDDI 等技术实现 RPC 风格的大型 Web 服务的统称。第 12 章所介绍的正是这项技术。

2．REST

Representational State Transfer，简称 REST，中文翻译为“表现层状态转化”。

REST 具有跨语言、跨平台的特点。所以，它是一种遵循 REST 风格的 Web Services。

如果一个架构符合 REST 原则，就称它为 RESTful 架构。要理解 RESTful 架构，最好的方法就是去理解 Representational State Transfer 这个词组到底是什么意思，它的每一个词代表了什么涵义。如果你把这个名称搞懂了，也就不难体会 REST 是一种什么样的设计了。

❶ 资源（Resources）

REST 的名称“表现层状态转化”中，省略了主语。“表现层”其实指的是“资源”（Resources）的“表现层”。

所谓“资源”，就是网络上的一个实体，或者说是网络上的一个具体信息。它可以是一段文本、一张图片、一首歌曲、一种服务。你可以用一个 URI（统一资源定位符）指向它，每种资源对应一个特定的 URI。要想获取这个资源，访问它的 URI 就可以，因此 URI 就成为了每一个资源的地址或独一无二的识别符。

所谓“上网”，就是与互联网上一系列的“资源”互动，调用它的 URI。

❷ 表现层（Representation）

“资源”是一种信息实体，它可以有多种外在表现形式。我们把“资源”具体呈现出来的形式，叫作它的“表现层”（Representation）。

比如，文本既可以用 txt 格式表现，也可以用 HTML 格式、XML 格式、JSON 格式表现，甚至可以采用二进制格式；图片可以用 JPG 格式表现，也可以用 PNG 格式表现。

URI 只代表资源的实体，不代表它的形式。严格地说，有些网址最后的“.html”后缀名是不必要的，因为这个后缀名表示格式，属于“表现层”范畴，而 URI 应该只代表“资源”的位置。它的具体表现形式，应该在 HTTP 请求的头信息中用 Accept 和 Content-Type 字段指定，这两个字段才是对“表现层”的描述。

❸ 状态转化（State Transfer）

访问一个网站，就代表了客户端和服务器的一个互动过程。在这个过程中，势必涉及数据和状态的变化。

互联网通信协议 HTTP 协议，是一个无状态协议。这意味着，所有的状态都保存在服务器端。因此，如果客户端想要操作服务器，就必须通过某种手段，让服务器端发生“状态转化”（State Transfer）。而这种转化是建立在表现层之上的，所以是“表现层状态转化”。

客户端用到的手段，只能是 HTTP 协议。具体来说，就是 HTTP 协议里面，四个表示操作方式的动词：GET、POST、PUT 和 DELETE。它们分别对应四种基本操作：GET 用来获取资源，POST 用来新建资源（也可以用于更新资源），PUT 用来更新资源，DELETE 用来删除资源。

综合上面的解释，我们总结一下什么是 RESTful 架构：

◎ 每一个 URI 代表一种资源。
◎ 客户端和服务器之间，传递这种资源的某种表现层。
◎ 客户端通过四个 HTTP 动词，对服务器端资源进行操作，实现“表现层状态转化”。

引用资料：http://www.ruanyifeng.com/blog/2011/09/restful。

关于 Web Services 相关的概念基本都介绍过了，下面通过一个图来说明各个概念和技术的包含关系，如图 13.1 所示。

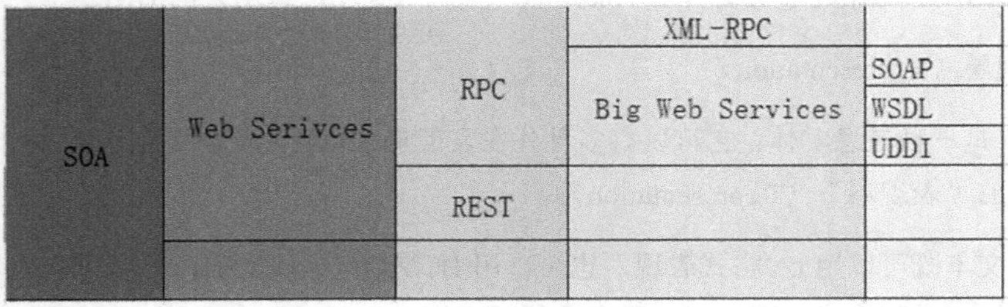

SOA
Web Serivces
RPC
XML-RPC
Big Web Services
SOAP
WSDL
UDDI
REST

图 13.1 Web Services 相关概念与技术

13.2　Django REST Framework

Django REST Framework，顾名思义，是一套基于 Django 的 REST 风格的框架。

它具有以下特点：

- ◎　功能强大、灵活，可以帮助你快速开发 Web API。
- ◎　支持认证策略，包括 OAuth 1a 和 OAuth 2。
- ◎　支持 ORM 和非 ORM 数据源的序列化。
- ◎　丰富的文档以及良好的社区支持。

官方网址：http://www.django-rest-framework.org/。

13.2.1　创建简单的 API

当 Django REST Framework 安装好之后，创建一个新的项目 django_rest，在项目下创建"api"应用。

cmd.exe

```
> django-admin startproject django_rest
> cd django_rest
\django_rest> python3 manage.py startapp api
```

打开 settings.py 文件，添加应用。

settings.py

```
......
# Application definition

INSTALLED_APPS = [
    'django.contrib.admin',
    'django.contrib.auth',
    'django.contrib.contenttypes',
    'django.contrib.sessions',
    'django.contrib.messages',
    'django.contrib.staticfiles',
    'rest_framework',
    'api',
```

```
]
……

# 在文件末尾添加
REST_FRAMEWORK = {
    'DEFAULT_PERMISSION_CLASSES': (
        'rest_framework.permissions.IsAuthenticated',
    )
}
```

“rest_framework”为 Django REST Framework 应用，“api”为我们自己创建的应用。默认的权限策略可以设置在全局范围内，通过 DEFAULT_PERMISSION_CLASSES 设置。

通过“migrate”命令执行数据库迁移。

cmd.exe

```
\django_rest> python3 manage.py migrate
```

通过“createsuperuser”命令创建超级管理员账户。

cmd.exe

```
\django_rest> python3 manage.py createsuperuser
Username (leave blank to use 'fnngj'): admin
Email address: admin@mail.com
Password:
Password (again):
Superuser created successfully.
```

创建数据序列化，在 api 应用下创建 serializers.py 文件。

serializers.py

```
from django.contrib.auth.models import User, Group
from rest_framework import serializers
```

```
class UserSerializer(serializers.HyperlinkedModelSerializer):
    class Meta:
        model = User
        fields = ('url', 'username', 'email', 'groups')


class GroupSerializer(serializers.HyperlinkedModelSerializer):
    class Meta:
        model = Group
        fields = ('url', 'name')
```

Serializers 用于定义 API 的表现形式，如返回哪些字段、返回怎样的格式等。这里序列化 Django 自带的 User 和 Group。

编写视图文件，打开 api 应用下的 views.py 文件，编写如下代码。

views.py

```
from django.contrib.auth.models import User, Group
from rest_framework import viewsets
from api.serializers import UserSerializer, GroupSerializer


# ViewSets 定义视图的展现形式
class UserViewSet(viewsets.ModelViewSet):
    """
    API endpoint that allows users to be viewed or edited.
    """
    queryset = User.objects.all().order_by('-date_joined')
    serializer_class = UserSerializer


class GroupViewSet(viewsets.ModelViewSet):
    """
    API endpoint that allows groups to be viewed or edited.
    """
    queryset = Group.objects.all()
    serializer_class = GroupSerializer
```

在 Django REST framework 中，ViewSets 用于定义视图的展现形式，例如返回哪些内容，需要做哪些权限处理。

在 URL 中会定义相应的规则到 ViewSet。ViewSets 则通过 serializer_class 找到对应的 Serializers。这里将 User 和 Group 的所有对象赋予 queryset，并返回这些值。在 UserSerializer 和 GroupSerializer 中定义要返回的字段。

打开.../django_rest/urls.py 文件，添加 api 的路由配置。

urls.py

```
……
from django.conf.urls import url, include
from django.contrib import admin
from rest_framework import routers
from api import views

# Routers provide an easy way of automatically determining the URL conf.
router = routers.DefaultRouter()
router.register(r'users', views.UserViewSet)
router.register(r'groups', views.GroupViewSet)

# Wire up our API using automatic URL routing.
# Additionally, we include login URLs for the browsable API.
urlpatterns = [
    url(r'^admin/', admin.site.urls),
    url(r'^', include(router.urls)),
    url(r'^api-auth/', include('rest_framework.urls',
                               namespace='rest_framework'))
]
```

因为使用的是 ViewSets，所以可以使用 routers 类自动生成 URL conf。

通过“runserver”命令启动服务。

cmd.exe

```
\django_rest> python3 manage.py runserver
Performing system checks...

System check identified no issues (0 silenced).
November 21, 2016 - 21:50:18
```

```
Django version 1.10.3, using settings 'django_rest.settings'
Starting development server at http://127.0.0.1:8000/
Quit the server with CTRL-BREAK.
```

通过浏览器打开 URL：http://127.0.0.1:8000/，如图 13.2 所示。

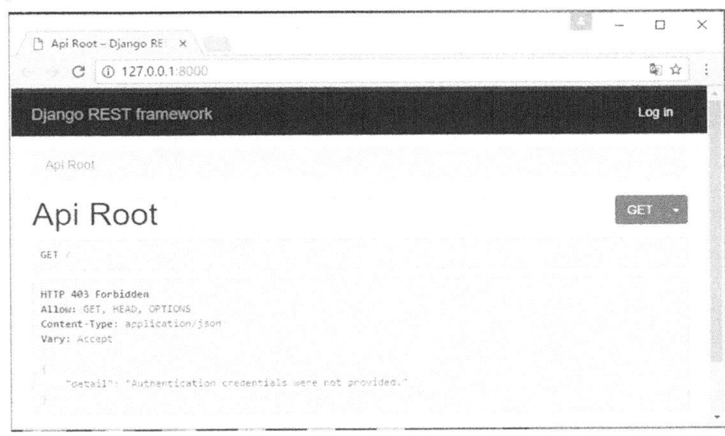

图 13.2　Django REST Framework API 平台

13.2.2　添加接口数据

现在，单击页面右上角的“Log in”登录系统，登录账号为上面创建的超级管理员账号，如图 13.3 所示。

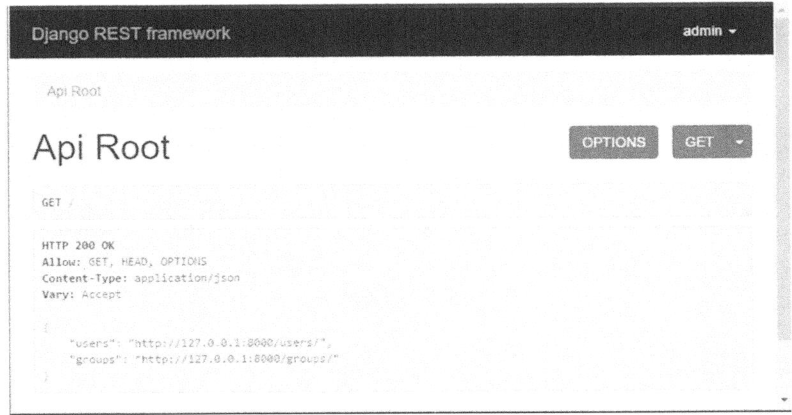

图 13.3　平台接口列表

单击 http://127.0.0.1:8000/groups/ 链接，添加用户组。如图 13.4 所示，添加“test”组和“developer”组。

单击 http://127.0.0.1:8000/users/ 链接，添加用户。如图 13.5 所示，添加用户“tom”和“jack”。

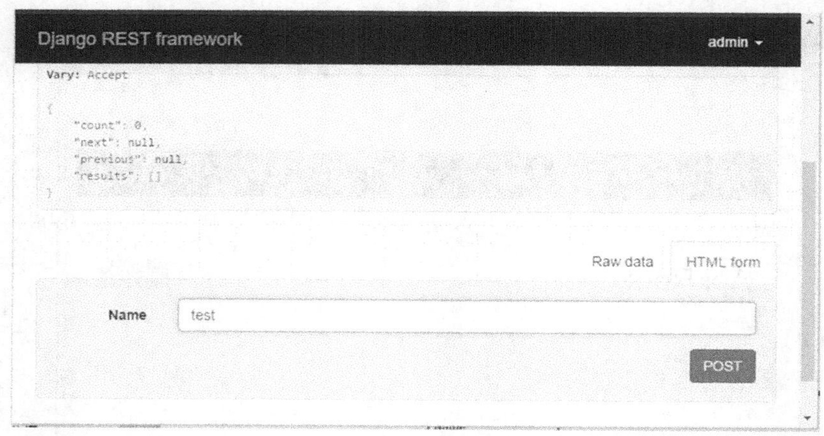

图 13.4　添加用户组

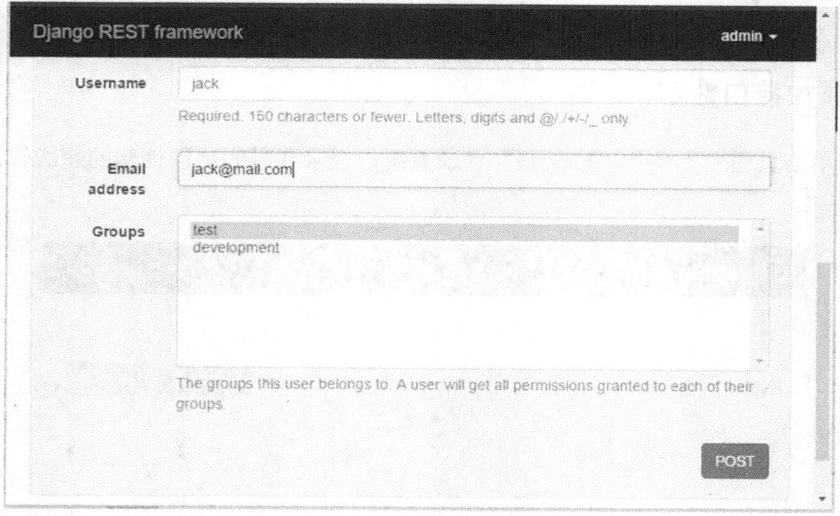

图 13.5　添加用户

13.2.3　测试接口

基于 REST 风格开发的接口并无特别之处，接下来针对用户/用户组的接口查询，使用

Requests 库编写测试用例。

rest_test.py

```
import unittest
import requests

class UserTest(unittest.TestCase):
    '''用户查询测试'''

    def setUp(self):
        self.base_url = 'http://127.0.0.1:8000/users'
        self.auth = ('admin', 'admin123456')

    def test_user1(self):
        '''test user admin '''
        r = requests.get(self.base_url+'/1/', auth=self.auth)
        result = r.json()
        self.assertEqual(result['username'], 'admin')
        self.assertEqual(result['email'], 'admin@mail.com')

    def test_user2(self):
        '''test user tom '''
        r = requests.get(self.base_url+'/2/', auth=self.auth)
        result = r.json()
        self.assertEqual(result['username'], 'tom')
        self.assertEqual(result['email'], 'tom@mail.com')

    def test_user3(self):
        '''test user jack '''
        r = requests.get(self.base_url+'/3/', auth=self.auth)
        result = r.json()
        self.assertEqual(result['username'], 'jack')
        self.assertEqual(result['email'], 'jack@mail.com')


class GroupsTest(unittest.TestCase):
    '''用户组查询测试'''

    def setUp(self):
        self.base_url = 'http://127.0.0.1:8000/groups'
        self.auth = ('admin', 'admin123456')
```

```
    def test_groups1(self):
        '''test groups test'''
        r = requests.get(self.base_url+'/1/', auth=self.auth)
        result = r.json()
        self.assertEqual(result['name'], 'test')

    def test_groups2(self):
        '''test groups developer'''
        r = requests.get(self.base_url+'/2/', auth=self.auth)
        result = r.json()
        self.assertEqual(result['name'], 'developer')

if __name__ == '__main__':
    unittest.main()
```

需要注意的是，请求接口的资源不是通过接口参数（?user=1）访问，而是通过 URI 路径（/1/）访问。另外，接口的访问需要用户签名，在发送 get()请求时需要指定 auth 参数。

13.3 集成发布会系统 API

在本书第 8 章中，根据发布会签到系统我们开发了相关的接口，而通过 Django REST Framework 来实现接口要简单得多。

13.3.1 添加发布会 API

接下来在 django_rest 项目的基础上增加发布会和嘉宾的相关接口。

首先，创建模型，打开 api 应用下的 models.py 文件。

models.py

```
from django.db import models

# Create your models here.
# 发布会
class Event(models.Model):
    name = models.CharField(max_length=100)
```

```
    limit = models.IntegerField()
    status = models.BooleanField()
    address = models.CharField(max_length=200)
    start_time = models.DateTimeField('events time')
    create_time = models.DateTimeField(auto_now=True)

    def __str__(self):
        return self.name

# 嘉宾
class Guest(models.Model):
    event = models.ForeignKey(Event)
    realname = models.CharField(max_length=64)
    phone = models.CharField(max_length=16)
    email = models.EmailField()
    sign = models.BooleanField()
    create_time = models.DateTimeField(auto_now=True)

    class Meta:
        unique_together = ('phone', 'event')

    def __str__(self):
        return self.realname
```

执行数据库迁移。

cmd.exe

```
\django_rest> python3 manage.py makemigrations api
Migrations for 'api':
  api\migrations\0001_initial.py:
    - Create model Event
    - Create model Guest
    - Alter unique_together for guest (1 constraint(s))

\django_rest> python3 manage.py migrate
Operations to perform:
  Apply all migrations: admin, api, auth, contenttypes, sessions
Running migrations:
  Applying api.0001_initial... OK
```

添加发布会数据序列化，打开 api 应用下的 serializers.py 文件（介绍前面的例子时创建的）。

serializers.py

```
……
from api.models import Event, Guest

……
class EventSerializer(serializers.HyperlinkedModelSerializer):
    class Meta:
        model = Event
        fields = ('url','name','address','start_time','limit','status')

class GuestSerializer(serializers.HyperlinkedModelSerializer):
    class Meta:
        model = Guest
        fields = ('url','realname','phone','email','sign','event')
```

打开 api 应用下的 views.py 文件，定义发布会和嘉宾视图类。

views.py

```
……
from api.serializers import EventSerializer, GuestSerializer
from api.models import Event, Guest


……
class EventViewSet(viewsets.ModelViewSet):
    """
    API endpoint that allows events to be viewed or edited.
    """
    queryset = Event.objects.all()
    serializer_class = EventSerializer


class GuestViewSet(viewsets.ModelViewSet):
    """
    API endpoint that allows guests to be viewed or edited.
    """
    queryset = Guest.objects.all()
    serializer_class = GuestSerializer
```

打开.../django_rest/urls.py 文件，添加 URL 配置。

urls.py

```
......
#Routers provide an easy way of automatically determining the URL conf.
......
router.register(r'events', views.EventViewSet)
router.register(r'guests', views.GuestViewSet)

......
```

重新启动项目，通过浏览器打开 http://127.0.0.1:8000/，如图 13.6 所示。

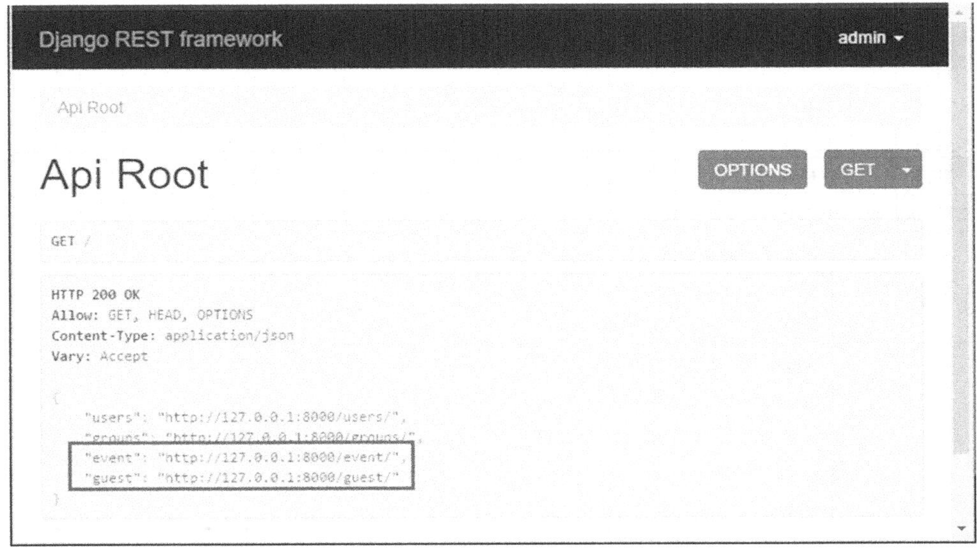

图 13.6　新增发布会和嘉宾接口

13.3.2　测试接口

使用 Django REST Framework 开发的接口，除了可以使用 GET 方法查询接口数据外，还可以调用接口添加数据，并不需要关心接口插入数据的细节，只需将接口请求改为 POST 即可。使用 Postman 添加一条发布会数据，如图 13.7 所示。

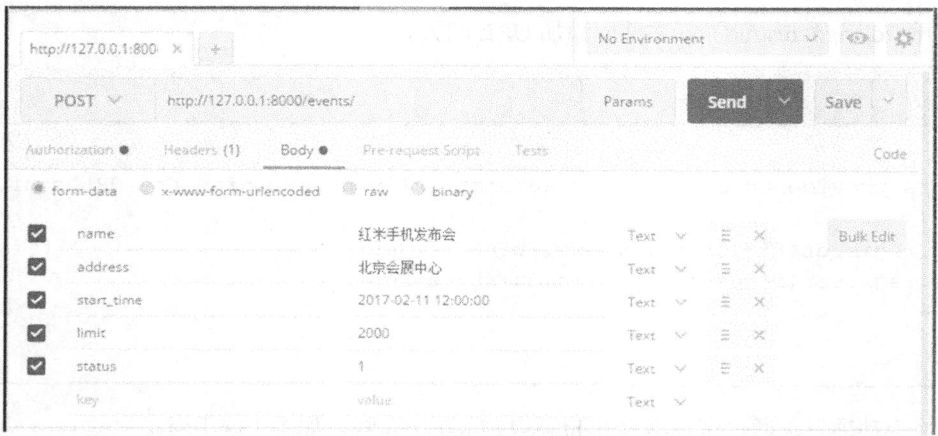

图 13.7 添加发布会数据

Postman 接口配置参数如表 13.1 所示。

表 13.1 Postman 接口配置参数

接口	http://127.0.0.1:8000/events/
请求方法	POST
Authorization	Type：Basic Auth Username：admin Password：admin123456
Body	name：红米手机发布会 address：北京会展中心 start_time：2017-02-11 12:00:00 limit：2000 status：1

更多的接口用例这里不再演示，参考本书第 9 章和第 10 章。

13.4 soapUI 测试工具

soapUI 是一款针对 REST 和 SOAP 的功能和性能测试工具。

官方地址：https://www.soapui.org/.

你可以在官方网站上获得该工具，它是开源的。不过，soapUI 也提供了实现更多功能的 Pro

版，为商业非开源版。

对于当前需求来说，开源版本已经足够用了。登录官方网站下载开源版本。首次打开 soapUI 工具，如图 13.8 所示。

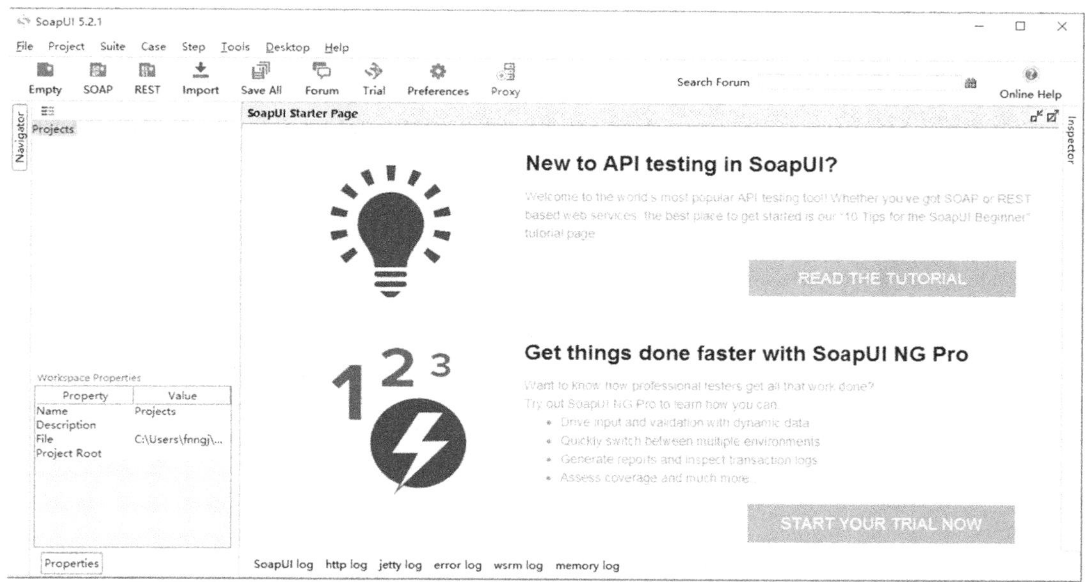

图 13.8　soapUI 主界面

13.4.1　创建 SOAP 测试项目

创建一个 SOAP 项目，在窗口左侧导航栏，右击“Projects”，在弹出的快捷菜单中选择“New SOAP Project”选项，弹出的对话框如图 13.9 所示。

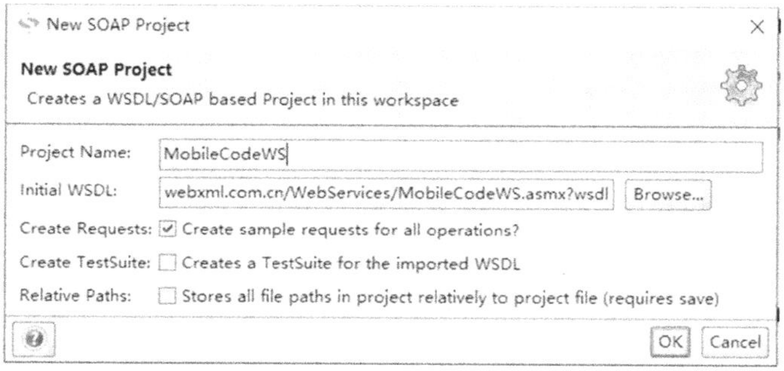

New SOAP Project

New SOAP Project

Creates a WSDL/SOAP based Project in this workspace

Project Name: MobileCodeWS

Initial WSDL: webxml.com.cn/WebServices/MobileCodeWS.asmx?wsdl　Browse...

Create Requests: ☑ Create sample requests for all operations?

Create TestSuite: ☐ Creates a TestSuite for the imported WSDL

Relative Paths: ☐ Stores all file paths in project relatively to project file (requires save)

OK　Cancel

图 13.9　添加 SOAP 接口

下面以国内手机号码归属地查询接口为例进行介绍。

◎ **Project Name**：MobileCodeWS 为项目名称。

◎ **Initial WSDL**：http://ws.webxml.com.cn/WebServices/MobileCodeWS.asmx?wsdl 为接口 URL。

单击“OK”按钮，创建项目完成。

依次展开：MobileCodeWS→MobileCodeWSSoap→getMobileCodeInfo/，双击“Request 1”，填写接口查询的手机号，如图 13.10 所示。

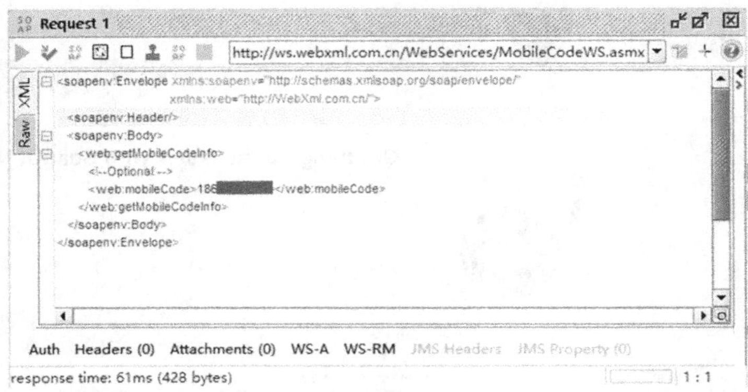

图 13.10　SOAP 接口参数

单击 Request 1 窗口左上角的绿色“运行”按钮，发送 SOAP 请求。右侧窗口将会显示接口返回结果，如图 13.11 所示。

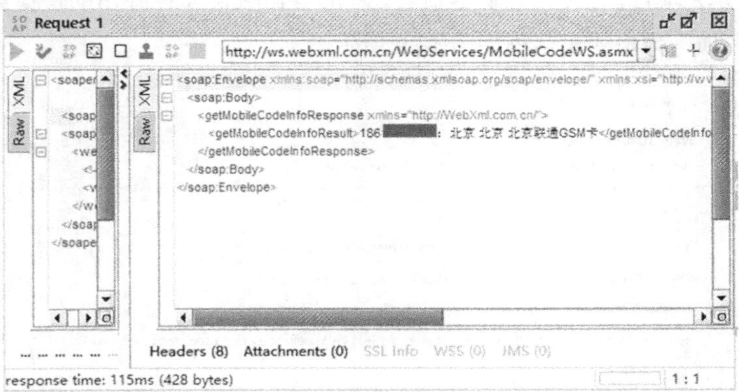

图 13.11　SOAP 接口返回数据

13.4.2　创建 REST 测试项目

创建一个 REST 项目，在窗口左侧导航栏，右击“Projects”，在弹出的快捷菜单中选择“New REST Project”，弹出的对话框如图 13.12 所示。

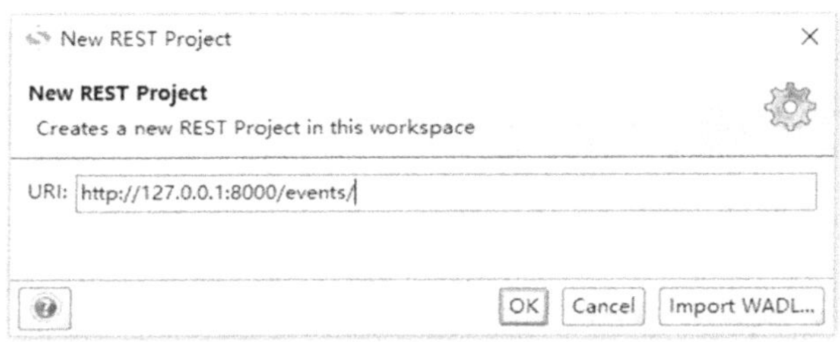

图 13.12　添加 REST 接口

URI：http://127.0.0.1:8000/events/ 为接口 URI。

单击“OK”按钮，创建项目完成。

依次展开：REST Project 1→Events[/events/]→Events→Request 1，双击打开，如图 13.13 所示。

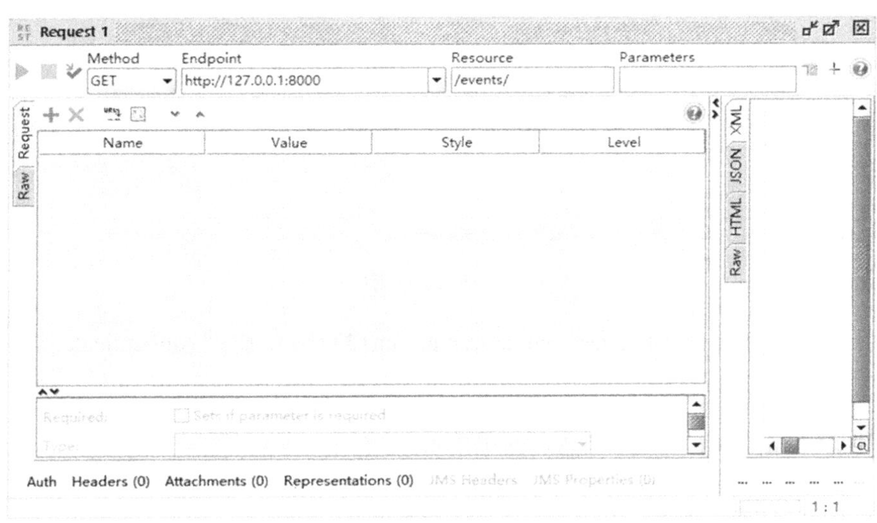

图 13.13　REST 接口

单击“Request 1”窗口左下角的“Auth”按钮，在 Authorization 选项中选择“add New Authorization”，在弹出的窗口中选择“Basic”选项，单击“OK”按钮，如图 13.14 所示。

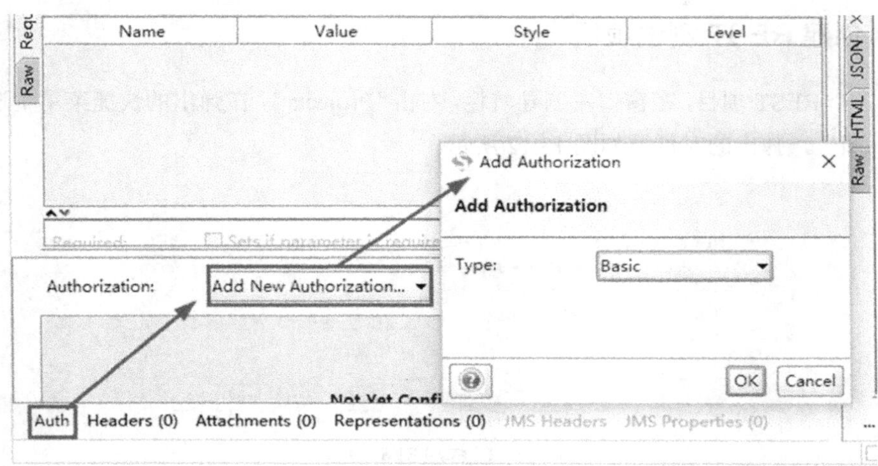

图 13.14　设置认证

添加认证用户，如图 13.15 所示。

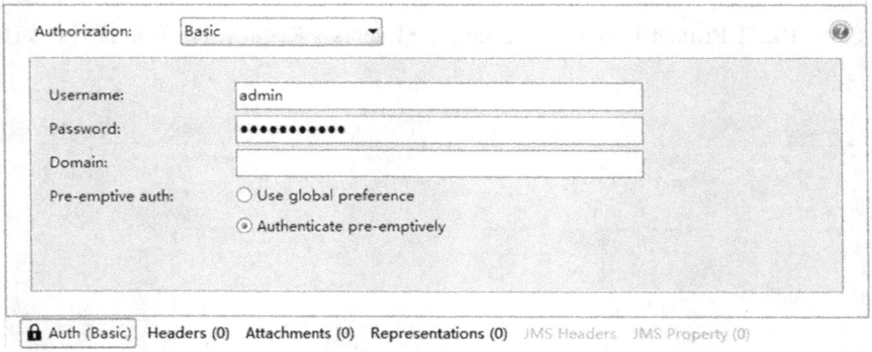

Authorization: Basic

Username: admin

Password: ••••••••••••

Domain:

Pre-emptive auth: ○ Use global preference

◉ Authenticate pre-emptively

Auth (Basic)　Headers (0)　Attachments (0)　Representations (0)　JMS Headers　JMS Property (0)

图 13.15　填写认证用户信息

填写用户认证 Username 和 Password（admin/admin123456），选中“Authenticate pre-emptively”单选项。

◎　Username：用于填写基本认证的用户名。
◎　Password：用于填写基本认证的密码。
◎　Domain：域名是基本认证的可选项，设置为空。
◎　Pre-emptive auth：设置定义认证的行为。
◎　Use global preference ：用于定义 HTTP 设置为全局首选项。
◎　Authenticate pre-emptively：仅适用于此请求，不需要等待身份验证时才发送凭据。

如果想查询具体的某一条发布会信息，则可以在 Resource 输入框中指定发布会 id，如图 13.16 所示。

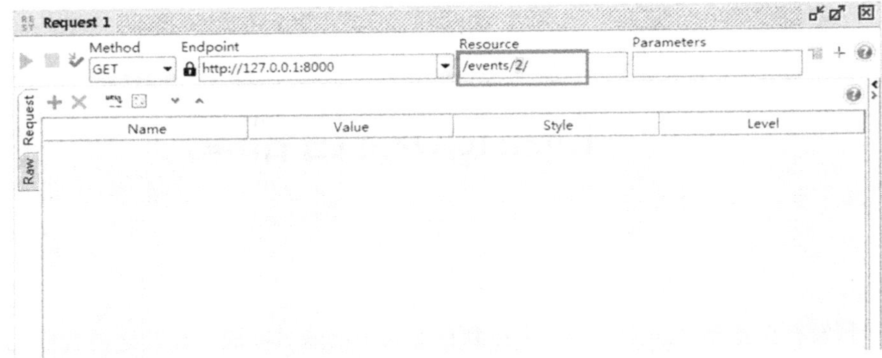

图 13.16　指定资源路径

单击 Request 1 窗口中左上角的绿色“运行”按钮，右侧窗口会显示接口查询结果，如图 13.17 所示。

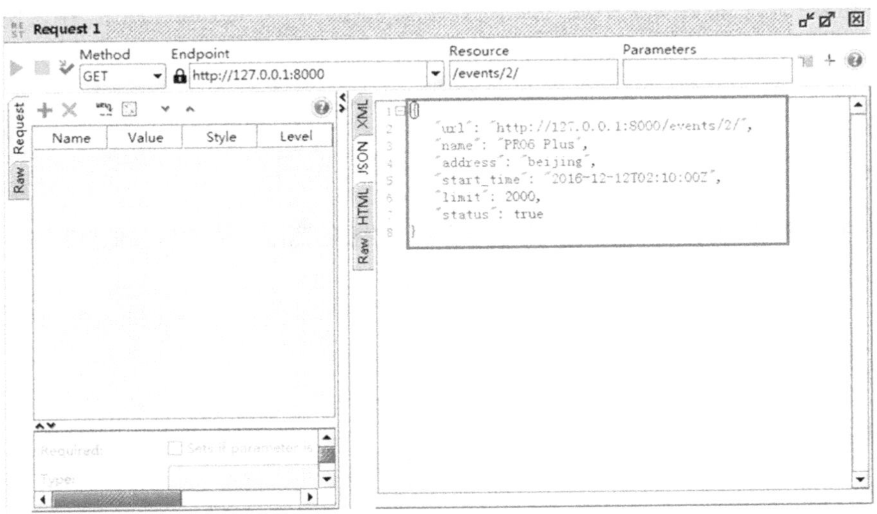

图 13.17　REST 接口查询结果

关于 soapUI 工具就介绍到这里，想了解该工具的更多使用，请参考官方文档：

https://www.soapui.org/soapui-projects/soapui-projects.html。

第 14 章

Django项目部署

继续回到发布会签到系统上，开发工作到目前为止已基本完成，在此之前我们一直使用开发模式运行 Django 项目，本章将介绍如何把项目部署到服务器上，为项目正式上线做准备。

不管之前你是在 Windows 系统还是在 Linux 系统上开发的 Django 项目，接下来都请准备一台 Linux 系统服务器，因为很少有人将 Django 项目部署在 Windows 系统上。如果没有条件的话，你也可以在自己的计算机中通过虚拟机（推荐 VMware）安装 Linux 系统。建议使用 Ubuntu 或更为专业的 CentOS，两个系统都可以免费在网上获得。

VMware：http://www.vmware.com/cn.html。

Ubuntu：https://www.ubuntu.com。

关于虚拟机和 Linux 系统的安装和使用超出了本书的范围，请参考其他资料学习。本书将以 Ubuntu 系统为例，介绍 Django 项目的部署。

14.1 uWSGI

14.1.1 uWSGI 介绍

什么是 WSGI？

WSGI，全称 Web Server Gateway Interface，是为 Python 语言定义的 Web 服务器和 Web 应用程序或框架之间的一种简单而通用的接口。

WSGI 是 Web 服务器与 Web 应用程序或应用框架之间的一种低级别的接口，用以提升可移植 Web 应用开发的共同点。许多 Python Web 框架都自带 WSGI 服务，如 Flask、webpy、Django

等。但自带的 WSGI 服务性能一般，更多的是用来测试.在项目正式发布时，大多数情况使用生产环境的 WSGI 服务或者是联合 Nginx 做 uwsgi。

什么是 uWSGI？

uWSGI 是一个 Web 服务器，它实现了 WSGI、uwsgi、HTTP 等协议。在 Nginx 中，ngx_http_uwsgi_module 的作用是与 uWSGI 服务器进行交换。

关于 WSGI、uwsgi、uWSGI 三个概念的区分。

- ◎ WSGI 是 Web 服务器与 Web 应用程序或应用框架之间的接口，也可以看作一个协议。
- ◎ uwsgi 是一种传输协议。
- ◎ uWSGI 是实现了 uwsgi 和 WSGI 两种协议的 Web 服务器。

uwsgi 协议是一个 uWSGI 服务器自带的协议，它用于定义传输信息的类型，每一个 uwsgi packet 的前 4 byte 都为传输信息类型描述，它与 WSGI 相比是不同的两个协议。

uwsgi 协议：http://uwsgi-docs.readthedocs.io/en/latest/Protocol.html。

14.1.2 安装 uWSGI

PyPI 仓库地址：https://pypi.python.org/pypi/uWSGI。

测试 uWSGI，创建 test.py 文件。

test.py

```
def application(env, start_response):
    start_response('200 OK', [('Content-Type','text/html')])
    return [b"Hello World"]
```

通过“uwsgi”命令运行 test.py 文件。

ubuntu 终端

```
fnngj@ubuntu:~/pydj$ uwsgi --http :8001 --wsgi-file test.py
```

通过浏览器访问：http://127.0.0.1:8001/，如图 14.1 所示。

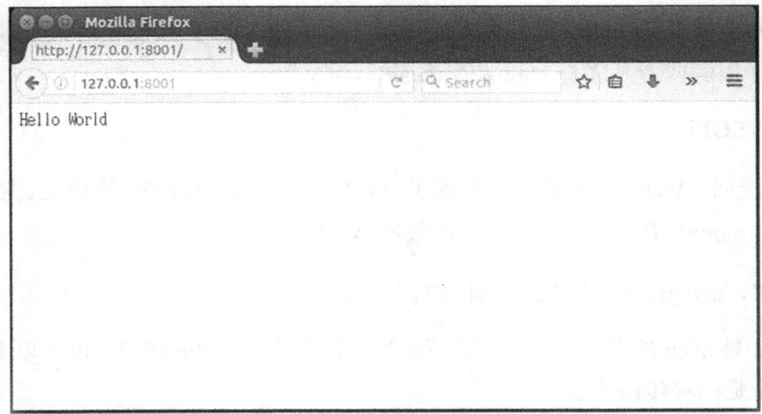

图 14.1　uWSGI 作为 Web 服务器

14.1.3　uWSGI 运行 Django

接下来通过 uWSGI 运行 Django 项目。此处假定 Django 的项目路径为/home/fnngj/pydj/guest。

ubuntu 终端

```
fnngj@ubuntu:~$ uwsgi --http :8000 --chdir /home/fnngj/pydj/guest/ --wsgi-file
guest/wsgi.py --master --processes 4 --stats 127.0.0.1:9191
```

uwsgi 命令常用参数如下。

--http：　协议类型和端口号。

--processes：　开启的进程数量。

--workers：　开启的进程数量，等同于 processes。

--chdir：　指定运行目录。

--wsgi-file:　载入 wsgi-file（加载 wsgi.py 文件）。

--stats:　在指定的地址上开启状态服务。

--threads：　开启的线程数量。

--master：　允许主进程存在。

--daemonize：使进程在后台运行，并将日志输出到指定的日志文件或者 UDP 服务器。

--pidfile： 指定 PID 文件的位置，记录主进程的 PID 号（PID，服务进程 ID）。

--vacuum： 当服务器退出时自动清理环境，删除 Unix Socket 文件和 PID 文件。

14.2 Nginx

Nginx 是一款轻量级的 Web 服务器/反向代理服务器及电子邮件（IMAP/POP3）代理服务器，并在一个 BSD-like 协议下发行。

采用 Nginx+uWSGI 的组合来部署 Django 是较为常见的部署方案之一。在这个方案中，通常的做法是将 Nginx 作为服务器最前端，用它来接收 Web 的所有请求，统一管理请求。Nginx 可用来处理所有静态请求，这是 Nginx 的强项。然后，Nginx 将所有非静态请求通过 uWSGI 传递给 Django，由 Django 来进行处理，从而完成一次 Web 请求。可见，uWSGI 的作用类似于一个桥接器，起到连接 Nginx 与 Django 的作用。

Nginx 官网：http://nginx.org/。

14.2.1 安装 Nginx

打开 Ubuntu 终端（组合键 Ctrl+Alt+t），利用 Ubuntu 的仓库来安装。

ubuntu 终端

```
fnngj@ubuntu:~$ sudo apt-get install nginx  #安装
```

Nginx 基本操作。

ubuntu 终端

```
fnngj@ubuntu:~$ /etc/init.d/nginx start    #启动
fnngj@ubuntu:~$ /etc/init.d/nginx stop     #关闭
fnngj@ubuntu:~$ /etc/init.d/nginx restart  #重启
fnngj@ubuntu:~$ nginx -v                   #查看版本
nginx version: nginx/1.10.0
```

修改 Nginx 默认端口号，打开/etc/nginx/sites-available/default 配置文件，修改端口号。

default

```
......
server {
        listen 8088 default_server;
        listen [::]:8088 default_server;
......
```

将默认的 80 端口号修改成其他端口号，如 8088。因为默认的 80 端口号通常会被其他程序占用。然后，通过上面的命令重启 Nginx。访问 http://127.0.0.1:8088/。

如图 14.2 所示，说明 Nginx 已经可以工作了。

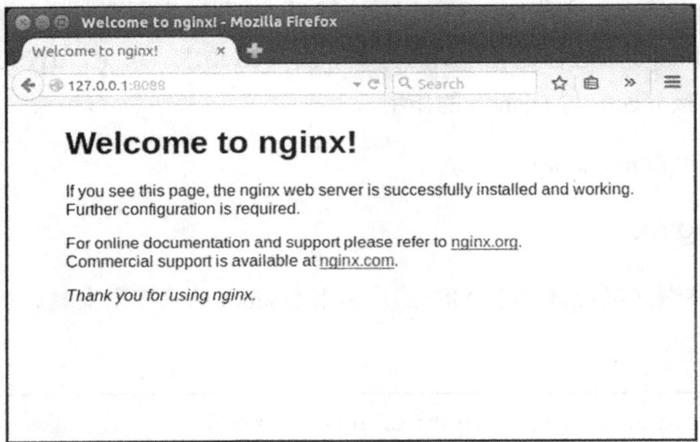

图 14.2　Nginx 默认页面

14.2.2　Nginx+uWSGI+Django

接下来，我们将 Nginx、uWSGI 和 Django 三者整合起来。发布会签到系统的目录结构如下。

```
guest/
├── manage.py
├── guest/
│   ├── __init__.py
│   ├── settings.py
│   ├── urls.py
│   └── wsgi.py
└── django_uwsgi.ini
```

在创建 guest 项目时，在 guest/目录下默认已经生成了 wsgi.py 文件。创建 django_uwsgi. ini 文件，配置 uWSIG 参数，uWSGI 支持多种类型的配置文件，如 xml、ini 等。此处使用 ini 类型的配置。

django_uwsgi.ini

```
[uwsgi]

# 请求方式与端口号
socket = :8000

# Django 项目路径
chdir = /home/fnngj/pydj/guest

# wsgi 文件
module = guest.wsgi

# 允许主进程存在
master = true

# 开启进程数
processes = 3

# 当服务器退出时自动清理环境
vacuum = true
```

这个配置文件，其实就相当于把“uwsgi”命令运行 Django 项目的参数给文件化了。

socket：指定请求的方式和端口号。这里要特别注意，如果想直接通过 uWSGI 访问 Django 项目，那么这里要配置为 http；如果想通过 Nginx 请求 uWSGI 来访问 Django 项目，那么这里就要配置为 socket。

8000 为通过 uWSGI 访问 Django 项目的端口号。

chdir：指定 Web 项目的根目录。

module：配置 guest.wsgi。可以这样理解这个配置，对于 django_uwsgi.ini 文件来说，与它平级的有一个 guest/目录，这个目录下有一个 wsgi.py 文件。

另外几个参数，可以参考前面 uWSGI 的常用参数说明。

接下来切换到 guest 项目中，通过“uwsgi”命令读取 django_uwsgi.ini 文件来启动 Web 项目。

ubuntu 终端

```
fnngj@ubuntu:~/pydj/guest$ uwsgi --ini django_uwsgi.ini
```

注意查看 uWSGI 的启动信息，如果有错，就要检查配置文件的参数是否设置有误。

接下来修改 Nginx 配置文件。打开/etc/nginx/sites-available/default 文件，在文件底部添加如下配置。

default

```
……
server {
        listen 8089;
        listen [::]:8089;

        server_name 127.0.0.1 192.168.127.134;

        location / {
                include /etc/nginx/uwsgi_params;
                uwsgi_pass 127.0.0.1:8000;
        }
}
```

这是一个极简配置。

listen 指定的是 Nginx 代理 uWSGI 对外的端口号。

server_name 指定 Nginx 代理 uWSGI 对外的 IP 地址；可以指定多个 IP 或域名，127.0.0.1 指向的是本机，192.168.127.134 为本机的 IP 地址，配置这个 IP 地址是为了给局域网内的其他主机访问。

Nginx 是如何将请求转发给 uWSGI 的呢？现在看来大概最主要的就是这两行配置：

```
include /etc/nginx/uwsgi_params;
uwsgi_pass 127.0.0.1:8000;
```

include 必须指定为 uwsgi_params 文件，如果启动失败，则需要指定该文件的绝对路径，通常在/etc/nginx/目录下；而 uwsgi_pass 所指的本机 IP 端口号与 guest_uwsgi.ini 配置文件中的 IP 端口号必须一致。

配置完成后，保存退出 default 文件，重新启动 Nginx。

访问 http://127.0.0.1:8089/ 或 http://192.168.127.134:8089/。

访问页面时，请求会先到 Nginx，再由 Nginx 转到 uWSGI Web 容器来处理，如图 14.3 所示。

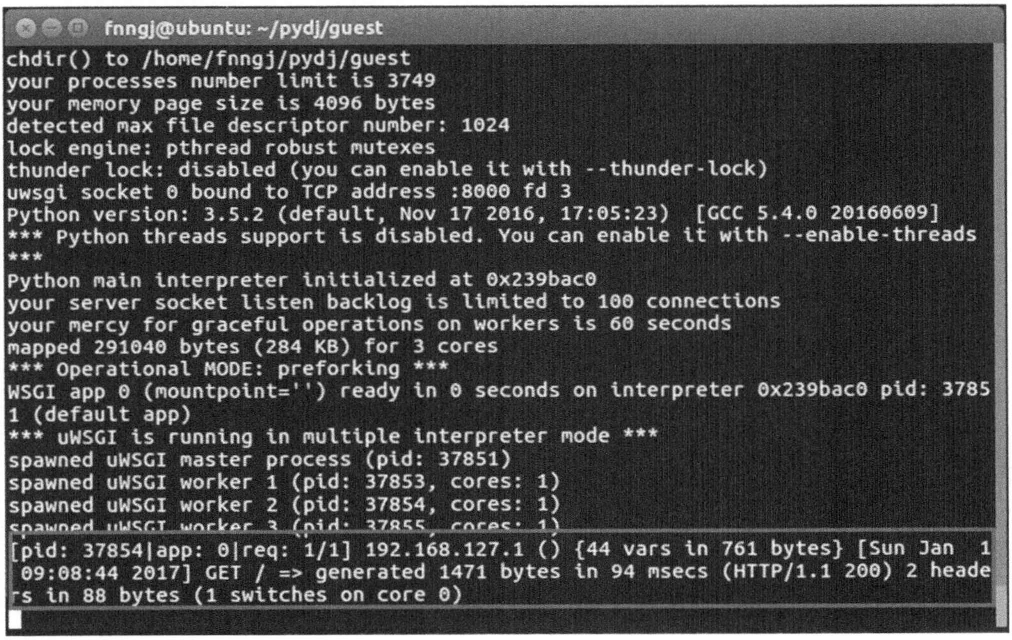

```
fnngj@ubuntu: ~/pydj/guest
chdir() to /home/fnngj/pydj/guest
your processes number limit is 3749
your memory page size is 4096 bytes
detected max file descriptor number: 1024
lock engine: pthread robust mutexes
thunder lock: disabled (you can enable it with --thunder-lock)
uwsgi socket 0 bound to TCP address :8000 fd 3
Python version: 3.5.2 (default, Nov 17 2016, 17:05:23)  [GCC 5.4.0 20160609]
*** Python threads support is disabled. You can enable it with --enable-threads
***
Python main interpreter initialized at 0x239bac0
your server socket listen backlog is limited to 100 connections
your mercy for graceful operations on workers is 60 seconds
mapped 291040 bytes (284 KB) for 3 cores
*** Operational MODE: preforking ***
WSGI app 0 (mountpoint='') ready in 0 seconds on interpreter 0x239bac0 pid: 3785
1 (default app)
*** uWSGI is running in multiple interpreter mode ***
spawned uWSGI master process (pid: 37851)
spawned uWSGI worker 1 (pid: 37853, cores: 1)
spawned uWSGI worker 2 (pid: 37854, cores: 1)
spawned uWSGI worker 3 (pid: 37855, cores: 1)
[pid: 37854|app: 0|req: 1/1] 192.168.127.1 () {44 vars in 761 bytes} [Sun Jan  1
 09:08:44 2017] GET / => generated 1471 bytes in 94 msecs (HTTP/1.1 200) 2 heade
rs in 88 bytes (1 switches on core 0)
```

图 14.3　uWSGI 处理请求

14.2.3　处理静态资源

当访问签到页面时，发现所有静态资源都无法访问了，如图 14.4 所示。

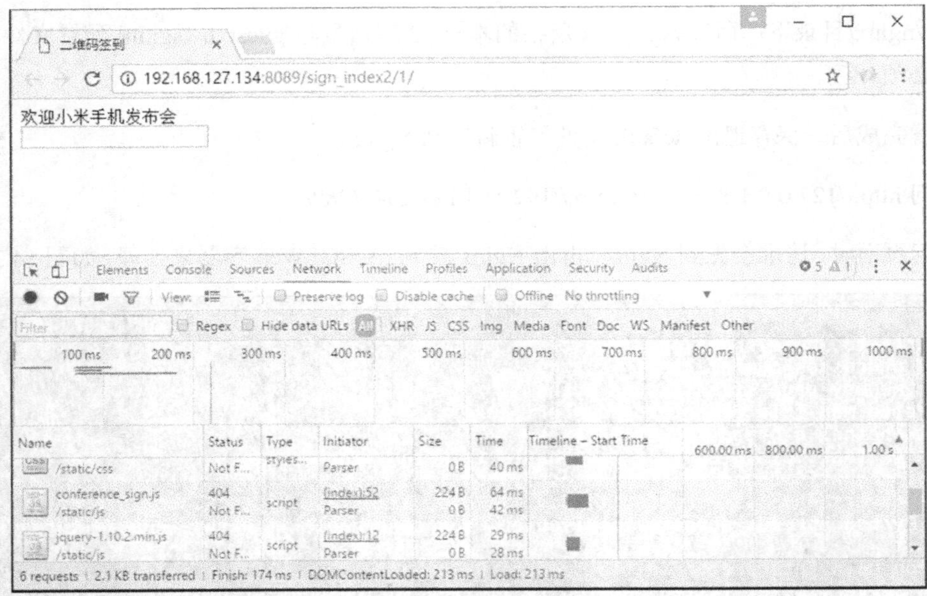

图 14.4 静态资源无法访问

打开/etc/nginx/sites-available/default 文件，添加 Web 项目的静态资源。

default

```
......
server {
        listen 8089;
        listen [::]:8089;

        server_name 127.0.0.1 192.168.127.134;

        location / {
                include /etc/nginx/uwsgi_params;
                uwsgi_pass 127.0.0.1:8000;
        }
        # 配置静态文件目录
        location /static {
                alias /home/fnngj/pydj/guest/sign/static;
        }

}
```

guest 项目的静态文件的存放目录为../sign/static/，所以配置如上。重新启动 Nginx，再来访问签到页面，样式文件即可正常引用了。

14.3　创建 404 页面

不管是使用 Django 的“runserver”命令运行项目，还是通过 Nginx+uWSGI 运行项目，如果访问的路径不存在，那么将会看到如图 14.5 所示的页面。

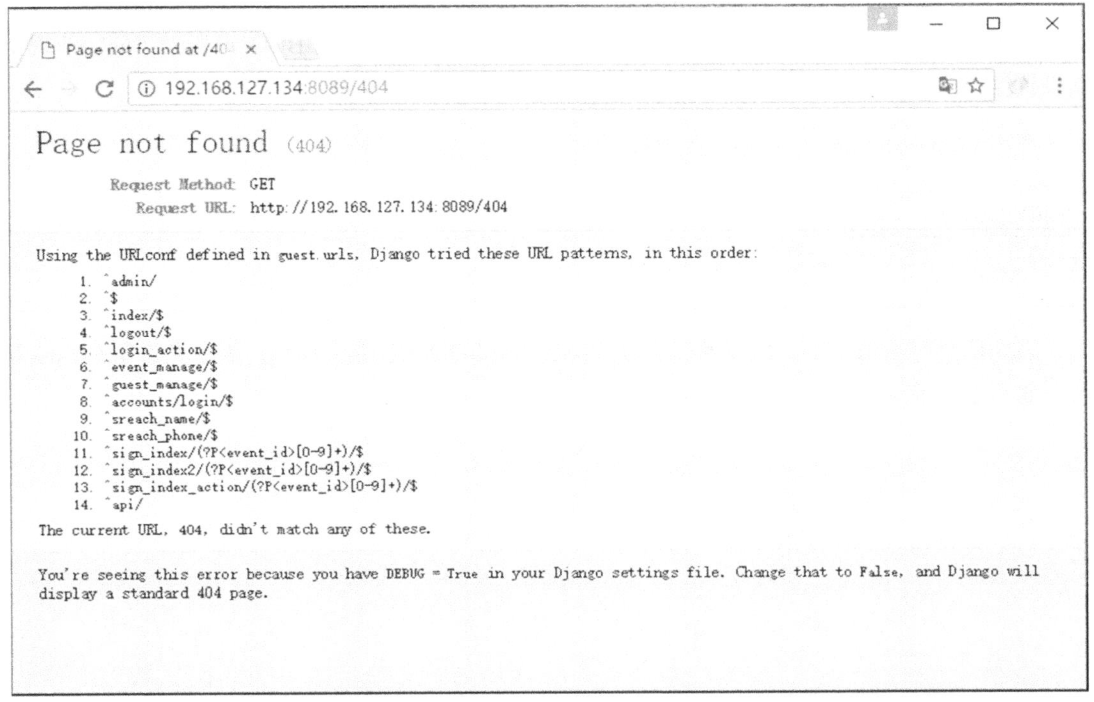

图 14.5　Django Page not found（404）

在项目部署上线的时候这个页面是不能让用户看到的，一方面是不安全，因为它会暴露一些 Django 的详细报错信息；另一方面也不友好。打开项目中的.../guest/setting.py 文件，关闭 Django 的 DEBUG 状态。

settings.py

```
……
# SECURITY WARNING: don't run with debug turned on in production!
DEBUG = False
……
```

把 DEBUG 设置为“False”。关闭 DEBUG 后，需要设置 ALLOWED_HOSTS。

ALLOWED_HOSTS 是为了限定请求中的 host 值，以防止黑客构造包来发送请求。只有列表中的 host 才能访问。一般不建议使用“*”通配符去配置，当 DEBUG 设置为“False”时必须设置这个配置，否则会抛出异常。

在.../guest/setting.py 文件中，配置模板如下。

settings.py

```
ALLOWED_HOSTS = ['www.example.com']
```

因为还没有申请网址，所以暂时先使用 ALLOWED_HOSTS = ['*']，表示允许所有 host 访问，如图 14.6 所示。

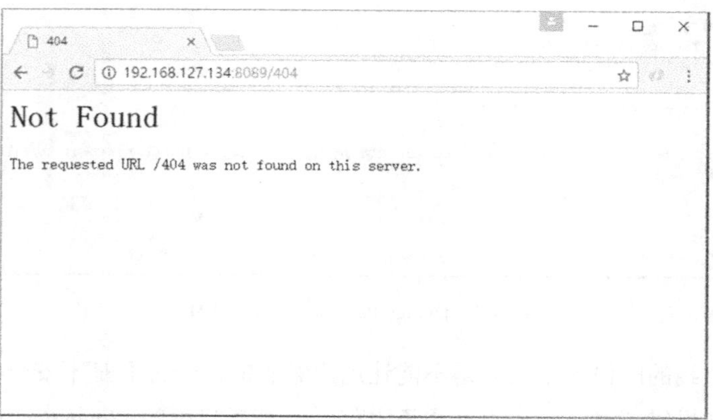

图 14.6 Django 关闭 debug 页面

虽然这个页面屏蔽了 debug 信息，但是当访问一个不存在的路径时，提示信息看上去依然不够友好。下面我们来创建默认的 404 页面。在.../sign/templates/目录下创建 404.html 页面。

404.html

```
</html>
<html lang="zh-CN">
  <head>
      <title>404</title>
  </head>
  <body>
      <div>
        <img src="/static/image/404error.jpg" />
      </div>
 </body>
</html>
```

你需要在网上找一个 404 的图片放到.../sign/static/image/目录下，并将图片命名为 404error.jpg。此时，再来访问一个不存在的路径，将显示如图 14.7 所示的页面。显然这个页面看上去要友好得多。

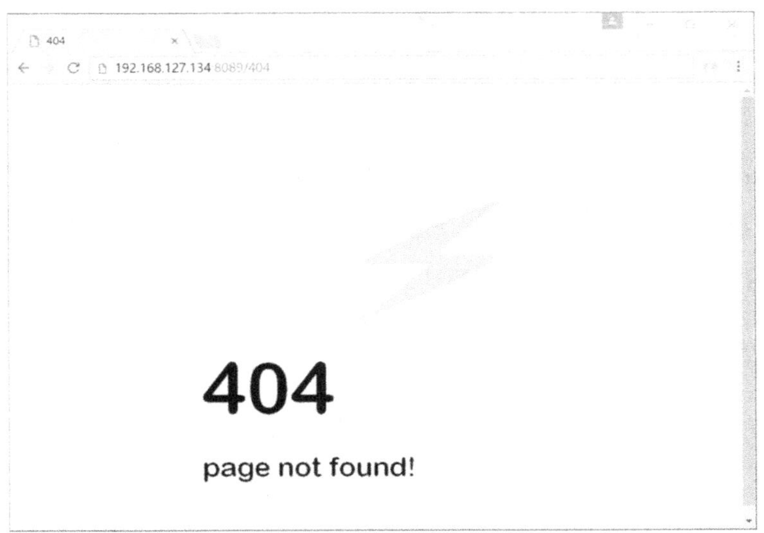

图 14.7 默认 404 页面

第 15 章 接口性能测试

关于 Web 接口的开发与测试，如果还差点什么的话，我想还有性能测试的话题值得探讨一下。其实，第 14 章中介绍项目的部署也是为本章开展性能测试做的铺垫，只有对已经部署的项目做性能测试才有实际意义，因为中间件（Nginx、uWSIG）是影响系统性能的重要一环。

15.1 Locust 性能测试工具

谈到性能测试工具，我们首先想到的是 LoadRunner 或 JMeter。

LoadRunner 是非常有名的商业性能测试工具，功能非常强大，使用也较为复杂，目前大多介绍性能测试的书籍都以该工具为基础，甚至有些书整本都在介绍 LoadRunner 的使用。

JMeter 同样是非常有名的开源性能测试工具，功能也很完善，在本书中介绍了它作为接口测试工具的使用。但实际上，它是一个标准的性能测试工具。JMeter 相关的资料也非常丰富，它的官方文档也很完善。

Locust 同样是性能测试工具，虽然官方这样来描述它："An open source load testing tool."，但它和前面两个工具有着较大的不同。与前面两个工具相比，它在功能上要差上不少，但也并非全无优点。

Locust 完全基于 Python 编程语言，采用 Pure Python 描述测试脚本，并且 HTTP 请求完全基于 Requests 库。除了 HTTP/HTTPS 协议外，Locust 还可以测试其他协议的系统，只需采用 Python 调用对应的库进行请求描述即可。

LoadRunner 和 JMeter 这类采用进程和线程的测试工具，都很难在单机上模拟出较高的并发压力。Locust 的并发机制摒弃了进程和线程，采用协程（gevent）的机制。协程避免了系统级资源调度，因此可以大幅提高单机的并发能力。

正是基于这样的特点，我选择了使用 Locust 工具来做性能测试，另外一个原因是它可以让我们换一种方式认识性能测试，可以更容易地看清性能测试的本质。

接下来就一起来学习 Locust 的使用吧。

Locust 官方网址：http://locust.io/。

15.1.1　安装 Locust

虽然 Locust 仍然可以使用 pip 安装，但如果你使用的是 Python 3，那么建议你从 GitHub 克隆或下载项目进行安装。

GitHub 地址：https://github.com/locustio/locust。

这里不再介绍具体的安装过程，请参考本书第 1 章。下面简单介绍 Locust 都基于了哪些库。打开 Locust 安装目录下的 setup.py 文件，查看安装要求：

```
install_requires=["gevent>=1.1.2", "flask>=0.10.1", "requests>=2.9.1",
"msgpack-python>=0.4.2", "six>=1.10.0", "pyzmq==15.2.0"]
```

- ◎ gevent：在 Python 中实现协程的一个第三方库。协程，又称微线程（Coroutine）。使用 gevent 可以获得极高的并发性能。
- ◎ flask：Python 的一个 Web 开发框架，它与 Django 的地位相当。
- ◎ requests：我们应该很熟悉了，本书中使用该库来做 HTTP 接口测试。
- ◎ msgpack-python：一种快速、紧凑的二进制序列化格式，适用于类似 JSON 的数据。
- ◎ six：它提供了一些简单的工具用来封装 Python 2 和 Python 3 之间的差异性。
- ◎ pyzmq：如果你打算把 Locust 运行在多个进程/机器，建议你安装 pyzmq。

当我们在安装 Locust 时，它会检测我们当前的 Python 环境是否已经安装了这些库，如果没有安装，那么它会先把这些库一一装上。并且对这些库版本有要求，有些是必须等于某版本，有些是大于某版本。我们也可以把这些库全部按要求装好，这样在安装 Locust 时就会快上许多。

检测是否安装成功。打开 Windows 命令提示符，输入“locust --help”回车。

cmd.exe

```
> locust --help
Usage: locust [options] [LocustClass [LocustClass2 ... ]]

Options:
  -h, --help            show this help message and exit
  -H HOST, --host=HOST  Host to load test in the following format:
                        http://10.21.32.33
  --web-host=WEB_HOST   Host to bind the web interface to. Defaults to '' (all
                        interfaces)
  -P PORT, --port=PORT, --web-port=PORT
                        Port on which to run web host
  -f LOCUSTFILE, --locustfile=LOCUSTFILE
                        Python module file to import, e.g. '../other.py'.
                        Default: locustfile
  --master              Set locust to run in distributed mode with this
                        process as master
  --slave               Set locust to run in distributed mode with this
                        process as slave
  --master-host=MASTER_HOST
                        Host or IP address of locust master for distributed
                        load testing. Only used when running with --slave.
                        Defaults to 127.0.0.1.
  --master-port=MASTER_PORT
                        The port to connect to that is used by the locust
                        master for distributed load testing. Only used when
                        running with --slave. Defaults to 5557. Note that
                        slaves will also connect to the master node on this
                        port + 1.
  --master-bind-host=MASTER_BIND_HOST
                        Interfaces (hostname, ip) that locust master should
                        bind to. Only used when running with --master.
                        Defaults to * (all available interfaces).
  --master-bind-port=MASTER_BIND_PORT
                        Port that locust master should bind to. Only used when
                        running with --master. Defaults to 5557. Note that
                        Locust will also use this port + 1, so by default the
                        master node will bind to 5557 and 5558.
  --no-web              Disable the web interface, and instead start running
                        the test immediately. Requires -c and -r to be
                        specified.
  -c NUM_CLIENTS, --clients=NUM_CLIENTS
```

```
                        Number of concurrent clients. Only used together with
                        --no-web
  -r HATCH_RATE, --hatch-rate=HATCH_RATE
                        The rate per second in which clients are spawned. Only
                        used together with --no-web
  -n NUM_REQUESTS, --num-request=NUM_REQUESTS
                        Number of requests to perform. Only used together with
                        --no-web
  -L LOGLEVEL, --loglevel=LOGLEVEL
                        Choose between DEBUG/INFO/WARNING/ERROR/CRITICAL.
                        Default is INFO.
  --logfile=LOGFILE     Path to log file. If not set, log will go to
                        stdout/stderr
  --print-stats         Print stats in the console
  --only-summary        Only print the summary stats
  -l, --list            Show list of possible locust classes and exit
  --show-task-ratio     print table of the locust classes' task execution
                        ratio
  --show-task-ratio-json
                        print json data of the locust classes' task execution
                        ratio
  -V, --version         show program's version number and exit
```

这里面有些命令我们稍后将会用到。

15.1.2　性能测试案例

先来一个简单的案例热热身，熟悉一下 Locust 工具的基本使用流程。如果使用的是 LoadRunner 性能测试工具，那么首先想到的应该是怎样录制/编写性能测试脚本。其实，对于 Web 应用来说，它本质上是由一个个的 Web 页面构成，一般我们可以通过不同的 URL 地址来得到不同的页面。

1．编写性能测试脚本

使用 Locust 编写一个简单性能测试行为表述脚本。

locustfile.py

```
from locust import HttpLocust, TaskSet, task
```

```
#定义用户行为
class UserBehavior(TaskSet):

    @task
    def baidu_page(self):
        self.client.get("/")


class WebsiteUser(HttpLocust):
    task_set = UserBehavior
    min_wait = 3000
    max_wait = 6000
```

UserBehavior 类继承 TaskSet 类，用于描述用户行为。

baidu_page() 方法表示一个用户行为，访问百度首页。使用@task 装饰该方法为一个事务。client.get()用于指定请求的路径“/”，因为是百度首页，所以指定为根路径。

WebsiteUser 类用于设置性能测试。

◎ task_set: 指向一个定义的用户行为类。

◎ min_wait: 执行事务之间用户等待时间的下界（单位：毫秒）。

◎ max_wait: 执行事务之间用户等待时间的上界（单位：毫秒）。

2. 执行性能测试

首先，启动性能测试。

cmd.exe

```
> locust -f locustfile.py --host=https://www.baidu.com
[2017-01-01 19:55:43,741] fnngj-PC/INFO/locust.main: Starting web monitor at
*:8089
[2017-01-01 19:55:43,755] fnngj-PC/INFO/locust.main: Starting Locust 0.7.5
```

◎ -f: 指定性能测试脚本文件。

◎ --host: 指定被测试应用的 URL 地址，注意访问百度使用的 HTTPS 协议。

通过浏览器访问：http://127.0.0.1:8089（Locust 启动网络监控器，默认为端口号为 8089）。显示如图 15.1 所示。

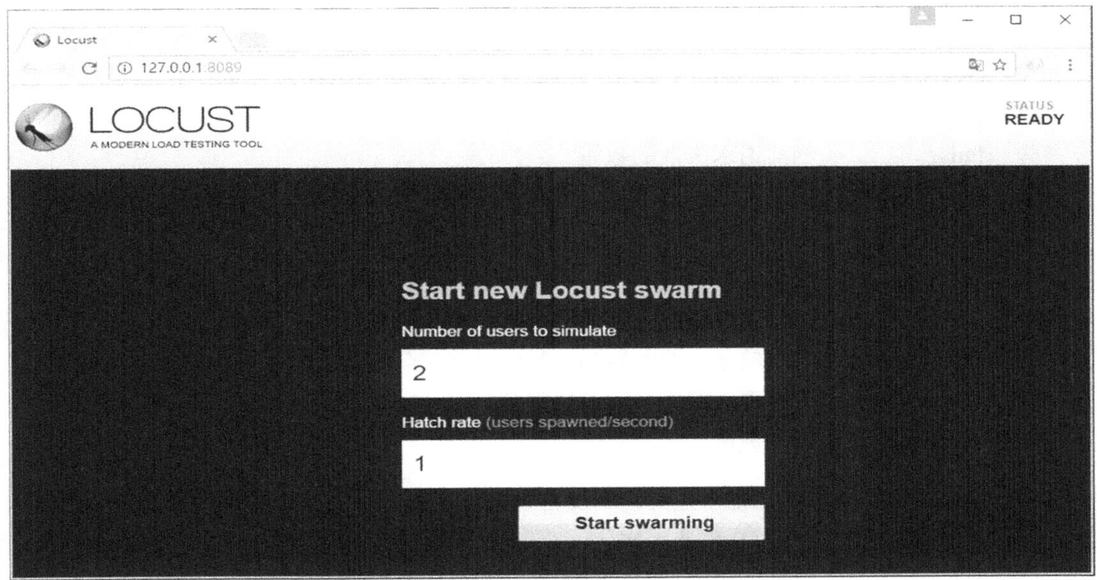

图 15.1 创建新的测试集

◎ Number of users to simulate： 设置模拟用户数。

◎ Hatch rate（users spawned/second）： 每秒产生（启动）的虚拟用户数。

单击“Start swarming”按钮，开始运行性能测试，如图 15.2 所示。

Type	Name	# requests	# fails	Median	Average	Min	Max	Content Size	# reqs/sec
GET	/	35	0	22	26	14	58	2443	0.4
	Total	35	0	22	26	14	58	2443	0.4

图 15.2 性能测试执行情况

性能测试参数如下。

- ◎ Type: 请求的类型，例如 GET/POST。
- ◎ Name: 请求的路径。这里为百度首页，即 https://www.baidu.com/。
- ◎ request: 当前请求的数量。
- ◎ fails: 当前请求失败的数量。
- ◎ Median: 中间值，单位毫秒，一半的服务器响应时间低于该值，而另一半高于该值。
- ◎ Average: 平均值，单位毫秒，所有请求的平均响应时间。
- ◎ Min: 请求的最小服务器响应时间，单位毫秒。
- ◎ Max: 请求的最大服务器响应时间，单位毫秒。
- ◎ Content Size: 单个请求的大小，单位字节。
- ◎ reqs/sec: 每秒钟请求的个数。

关于性能测试结果分析，由于是针对百度首页的性能测试，性能需求不明，服务器配置未知，网络环境复杂，因此没有分析的必要。

15.2 发布会系统性能测试

当我们真的要开展性能测试时，这里面所要涉及的知识点非常多，主要包括：

- ◎ 性能测试的需求分析： 客户需求、新系统性能验证、旧系统扩容、优化系统瓶颈等。
- ◎ 性能测试工具的选型： 商业工具 Loadrunner，开源工具 JMeter、Locust，或者自研性能工具。
- ◎ 性能测试环境准备： 软件环境，硬件环境，网络环境。
- ◎ 性能测试业务分析： 针对哪些业务做性能测试。
- ◎ 性能测试数据准备： 准备性能测试所需要的基础数据。
- ◎ 性能测试执行策略： 不同业务的用户分配比例，运行时长、思考时间、集合点的设置等。
- ◎ 性能测试监控： 中间件的监控、数据库服务器的监控、系统服务器的监控。
- ◎ 性能测试分析与调优： 分析整个系统各个部分的监控结果；对程序处理过程优化，程序算法优化，中间件各种配置参数的调整，数据库 SQL 语句、索引、表结构的优化。

如果对每一个话题都展开来讲，那么需要一本书的篇幅来探讨，这不是本书的重点，所以我会简化这个过程，以我们开发部署的发布会签到系统为性能测试对象，以 Locust 为性能测试工具，展示性能测试在项目中的基本使用过程。

15.2.1　性能测试准备

性能测试目的：发布会签到系统，新系统能力验证。

业务分析：根据发布会签到系统的应用场景，主要包括发布会管理页面、嘉宾管理页面、嘉宾查询功能和发布会签到功能。

性能测试环境如表 15.1 所示。

表 15.1　性能测试环境

软件环境	Ubuntu16.04　64 位 桌面版 **发布会签到系统配置：** Python Django 1.10.3 MySQL 5.7.16 uWSGI 2.0.14 Nginx 1.10.0
硬件环境	CPU：Intel(R) Core(TM) i5-4210M CPU @ 2.6GHz　*　2 内存：DDR3L 1600MHz　2GB 硬盘：ST500LM021-1KJ152　20GB
网络环境	局域网

测试数据准备

- ◎　发布会数据：　　10 条
- ◎　嘉宾数据：　　3000 条
- ◎　待签到嘉宾：　3000 条

关于发布会的 10 条数据，我们可以手动创建，但对于 3000 条的嘉宾数据，一条条的创建效率就非常低了。如果你对 SQL 编程不熟的话，这里可以借助 Python 批量生成 3000 条数据。

首先执行 SQL 语句，分别使 sign_event 和 sign_guest 两张表的 create_time 字段在插入数据时直接取当前时间，这样在插入数据时就不需要考虑 create_time 字段的值了。

MySQL

```
ALTER TABLE `sign_event` CHANGE `create_time` `create_time` TIMESTAMP NOT
NULL DEFAULT CURRENT_TIMESTAMP
ALTER TABLE `sign_guest` CHANGE `create_time` `create_time` TIMESTAMP NOT
NULL DEFAULT CURRENT_TIMESTAMP
```

先创建一条插入嘉宾信息的 SQL 语句。

MySQL

```
INSERT INTO sign_guest (realname, phone, email, sign,event_id)
            VALUES ("jack",13800110000,"jack@mail.com",0,1);
```

通过 Python 脚本批量生成 3000 条插入数据的 SQL 语句：

creat_guest.py

```
f = open("guests.txt", 'w')

for i in range(1, 3001):
    str_i = str(i)
    realname = "jack" + str_i
    phone = 13800110000 + i
    email = "jack" + str_i + "@mail.com"
    sql = 'INSERT INTO sign_guest (realname, phone, email, sign, event_id) VALUES
("'+realname+'",'+str(phone)+ ',"'+email+'",0,1 );'
    f.write(sql)
    f.write("\n")

f.close()
```

这个小程序比较简单，通过字符串拼接出一条插入嘉宾的 SQL 语句，然后通过 for 循环生成一批 SQL 语句。注意，phone 字段必须是自增的。将批量生成的 SQL 语句写入到 guests.txt 文件中，如图 15.3 所示。

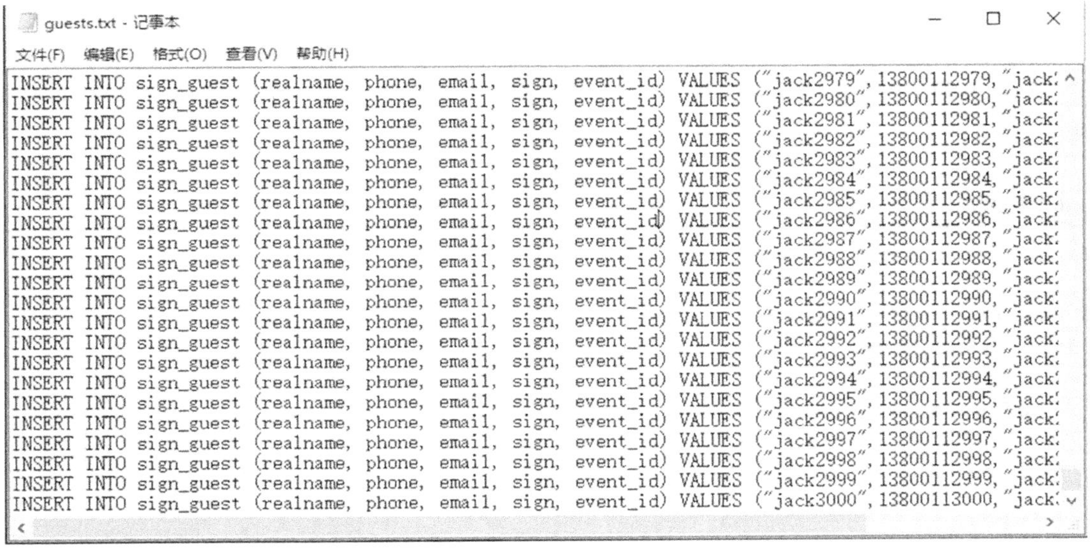

图 15.3　批量 SQL 插入语句

全选复制 guests.txt 文件中的所有 SQL 语句，粘贴到 MySQL 工具中执行，或者在 MySQL 命令行中执行。通过 SQL 语句查看数据库生成的数据，如图 15.4 所示。

图 15.4　查看批量生成的数据

15.2.2 编写性能测试脚本

当性能测试的准备工作完成之后，接下来根据业务分析的情况，使用 Locust 编写性能测试脚本。

locustfile.py

```
from locust import HttpLocust, TaskSet, task

# Web 性能测试
class UserBehavior(TaskSet):

    def on_start(self):
        """
        on_start is called when a Locust start before any task is scheduled """
        self.login()

    def login(self):
        self.client.post("/login_action", {"username":"admin",
                                           "password":"admin123456"})

    @task(2)
    def event_manage(self):
        self.client.get("/event_manage/")

    @task(2)
    def guest_manage(self):
        self.client.get("/guest_manage/")

    @task(1)
    def search_phone(self):
        self.client.get("/search_phone/",params={"phone":'13800112541'})


class WebsiteUser(HttpLocust):
    task_set = UserBehavior
    min_wait = 3000
    max_wait = 6000
```

由于访问发布会管理页面、嘉宾管理页面和嘉宾手机号查询等行为的前置条件是用户必须先登录系统，因此 on_start()方法定义了每个 locust 用户开始做的第一件事情——登录。

通过@task()装饰的方法为一个事务。方法的参数用于指定该行为的执行权重。参数越大，每次被虚拟用户执行的概率越高。如果不设置，则默认为 1。发布会管理页、嘉宾管理页和嘉宾搜索功能的执行权重比例为 2:2:1。

min_wait 和 max_wait 用于指定用户执行事务之间暂停的下限和上限，即 3~6 秒，接近用户的真实行为。

至于每个事物的请求路径是什么；用 GET 还是 POST 请求；以及是否需要传参等；都可根据 Django 项目中对视图函数的定义来决定，调用方法与 Requests 库基本相同。

15.2.3 执行性能测试

有了前面性能案例的练习，接下来运行性能测试就没什么障碍了。首先，启动性能测试。

cmd.exe

```
> locust -f locustfile.py --host=http://192.168.127.134:8089
[2016-11-24 22:53:18,793] fnngj-PC/INFO/locust.main: Starting web monitor at
*:8089
[2016-11-24 22:53:18,795] fnngj-PC/INFO/locust.main: Starting Locust 0.7.5
```

其中，http://192.168.127.134:8089 为发布会签到系统的部署主机的 IP 地址和端口号。

◎ 通过浏览器访问 Locust 工具：http://127.0.0.1:8089。

◎ Number of users to simulate：设置模拟用户数为 100。

◎ Hatch rate（users spawned/second）：每秒产生（启动）的用户数为 10，即每秒启动 10 个模拟用户。

单击“Start swarming”按钮，运行性能测试，运行结果如图 15.5 所示。

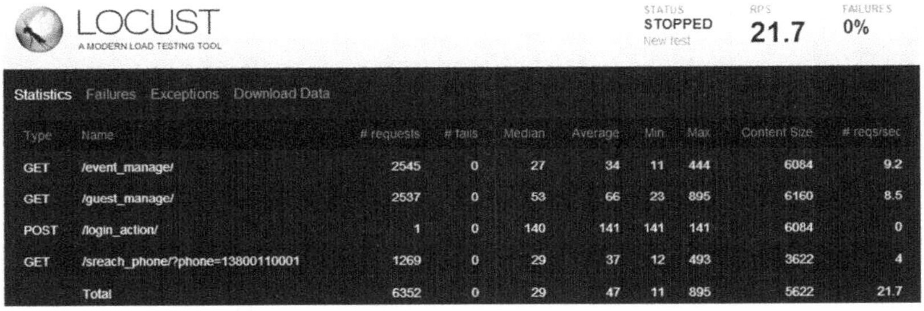

LOCUST
A MODERN LOAD TESTING TOOL

STATUS STOPPED New test | RPS 21.7 | FAILURES 0%

Statistics Failures Exceptions Download Data

Type	Name	# requests	# fails	Median	Average	Min	Max	Content Size	# reqs/sec
GET	/event_manage/	2545	0	27	34	11	444	6084	9.2
GET	/guest_manage/	2537	0	53	66	23	895	6160	8.5
POST	/login_action/	1	0	140	141	141	141	6084	0
GET	/sreach_phone/?phone=13800110001	1269	0	29	37	12	493	3622	4
	Total	6352	0	29	47	11	895	5622	21.7

图 15.5 Locust 运行结果

单击图 15.5 右上角的“New test”按钮，重新设置虚拟用户数并运行性能测试。

第一组测试：

运行进长：5 分钟；用户数：100 ，每秒启动用户：10						
name	requests	fails	Average	Min	Max	reqs/sec
/event_manage/	2545	0	34	11	444	9.2
/guest_manage/	2537	0	66	23	895	8.5
/search_phone/?phone=13800112541	1269	0	37	12	493	4
Total	6352	0	47	10	895	21.7

第二组测试：

运行进长：5 分钟；用户数：200；每秒启动用户：20						
name	requests	fails	Average	Min	Max	reqs/sec
/event_manage/	5091	0	62	11	1813	18.4
/guest_manage/	4883	0	111	23	1953	16.3
/search_phone/?phone=13800112541	2550	0	64	13	1839	8.3
Total	12592	0	96	11	1953	43

第三组测试：

运行进长：5 分钟；用户数：300；每秒启动用户：30						
name	requests	fails	Average	Min	Max	reqs/sec
/event_manage/	6381	2	751	22	16720	21.9
/guest_manage/	6578	1	928	35	17189	24.3
/search_phone/?phone=13800112541	3285	0	786	19	16759	12.5
Total	16385	3	890	19	16759	58.7

被测服务器监控如图 15.6 所示。

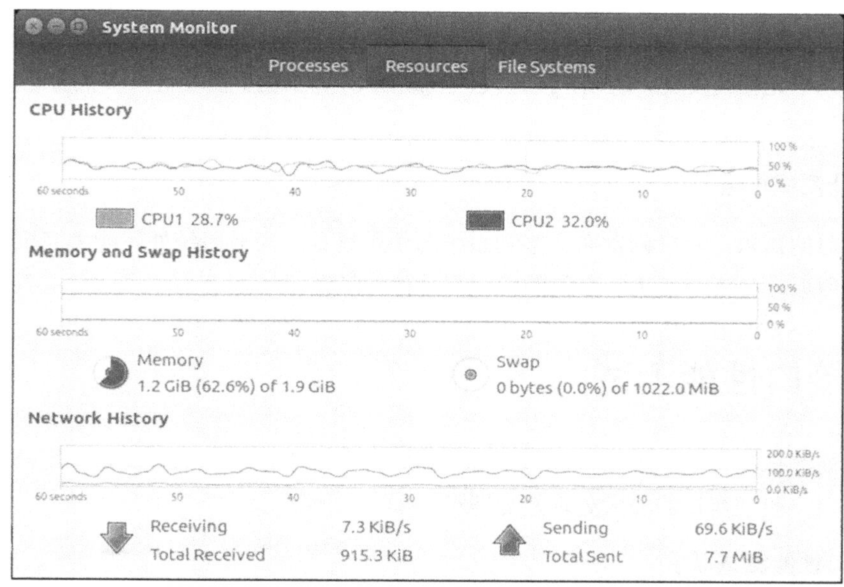

图 15.6　服务器性能

监测硬件情况：

执行测试前	CPU1：4.1%　CPU2：7.0% 内存：1G ，共 1.9G
第一组测试（100）	CPU1：28.7%　CPU2：32% 内存：1.2G，共 1.9G
第二组测试（200）	CPU1：69.9%　CPU2：74.3% 内存：1.2G ，共 1.9G
第三组测试（500）	CPU1：92%　CPU2：90% 内存：1.2G ，共 1.9G

1．性能测试分析

由于是新系统能力验证测试，所以，我们分别进行了三组测试，不断增加虚拟用户数来验证系统的处理能力。虚拟用户数分别为 100、200、500，运行时长均为 5 分钟。当虚拟用户数为 100 和 200 时，系统性能稳定，请求的最大响应时间均未超过 2s，而平均影响在 0.1s。

当用户数达到 300 时，系统处理能力下降较为明显，平均影响在 1s 左右，但最大响应时间达到 16s，显然这个时间是用户无法忍受的。另外，在总的 16385 个请求中，有 3 请求失败，失败率为 0.00018%。

从硬件的执行情况来看，当虚拟用户数达到 300 时，CPU 达到 90%左右，已经接近峰值。而内存使用几乎无任何变化，所以，预计硬件瓶颈在 CPU 上面，需要进一步的分析来降低 CPU 的使用率。

2. 性能测试总结

根据目前的需求，考虑到发布会签到系统的使用场景，当前系统处理能力完全可以满足目前的需求，所以，暂不需要进行系统的优化与硬件的扩容。

15.3 接口性能测试

接口性能测试相比系统性能统测试来说要简单许多，不用考虑业务场景和用户行为，只需模拟调用接口，验证接口的最大处理能力即可。

1. 接口性能测试需求

考虑到嘉宾签到功能，发布会现场需要多通道并行对嘉宾进行签到，所以，需要充分验证签到接口的并发签到处理能力。

2. 接口性能测试环境

* 同本章 15.2.1 节。

3. 接口性能测试数据准备

* 同本章 15.2.1 节。

15.3.1 编写接口性能测试脚本

通过 Locust 编写接口性能测试脚本。

locustfile.py

```
from locust import HttpLocust, TaskSet, task
from random import randint

# Web 接口测试
class UserBehavior(TaskSet):
```

```
    @task()
    def user_sign(self):
        number = randint(1,3001)
        phone = 13800110000 + number
        str_phone = str(phone)
        self.client.post("/api/user_sign/",data={"eid":"1",
                                                  "phone":str_phone})


class WebsiteUser(HttpLocust):
    task_set = UserBehavior
    min_wait = 0
    max_wait = 0
```

在性能测试脚本中增加了一个随机数的生成，每次虚拟用户执行调用签到行为时，都会随机生成一个手机号码进行签到。这样做的目的是为了尽量让每个签到请求使用的手机号都不相同，但是，随机数并不能保证每个虚拟用户的请求完全不重复。

在做系统性能测试时，我们已经插入了 3000 条嘉宾数据。这里就对这 3000 个嘉宾进行签到。由于是做接口测试，所以把 min_wait 和 max_wait 的时间都设置为 0（毫秒），不考虑“思考时间”。

15.3.2　执行接口性能测试

接口测试的运行与系统性能测试的运行有所不同，一般希望调用接口的请求数量是固定的，例如 3000 个请求。如果通过 Web 界面运行性能测试，那么只能通过“STOP”按钮结束，所以，请求数量很难控制在一个固定数值上。

同样使用“locust”命令启动性能测试，通过参数设置运行测试。

cmd.exe

```
> locust -f locustfile.py --host=http://192.168.127.134:8089  --no-web -c 10 -r
10 -n 3000

……

[2017-01-02 12:12:39,468] fnngj-PC/INFO/locust.runners: All locusts dead
```

```
[2017-01-02 12:12:39,469] fnngj-PC/INFO/locust.main: Shutting down (exit code
0), bye.
 Name                          # reqs      # fails     Avg     Min     Max  |  Median
req/s
--------------------------------------------------------------------------------
------------------
 POST /api/user_sign/            3000     0(0.00%)     151      29     487  |    140
72.20
--------------------------------------------------------------------------------
------------------
 Total                           3000     0(0.00%)
72.20

Percentage of the requests completed within given times
 Name                          # reqs    50%    66%    75%    80%    90%    95%    98%
99%  100%
--------------------------------------------------------------------------------
------------------
 POST /api/user_sign/            3000    140    160    180    180    210    240    280
340   487
--------------------------------------------------------------------------------
------------------
```

1. 启动参数

◎ --no-web: 表示不使用 Web 界面运行测试。

◎ -c: 设置虚拟用户数。

◎ -r: 设置每秒启动虚拟用户数。

◎ -n: 设置请求个数。

2. 运行结果

用户数：10；每秒启动用户：10						
name	requests	fails	Average	Min	Max	reqs/sec
/api/user_sign/	3000	0	151	29	487	72.20
Total	3000	0	151	29	487	72.20

服务器性能如图 15.7 所示。

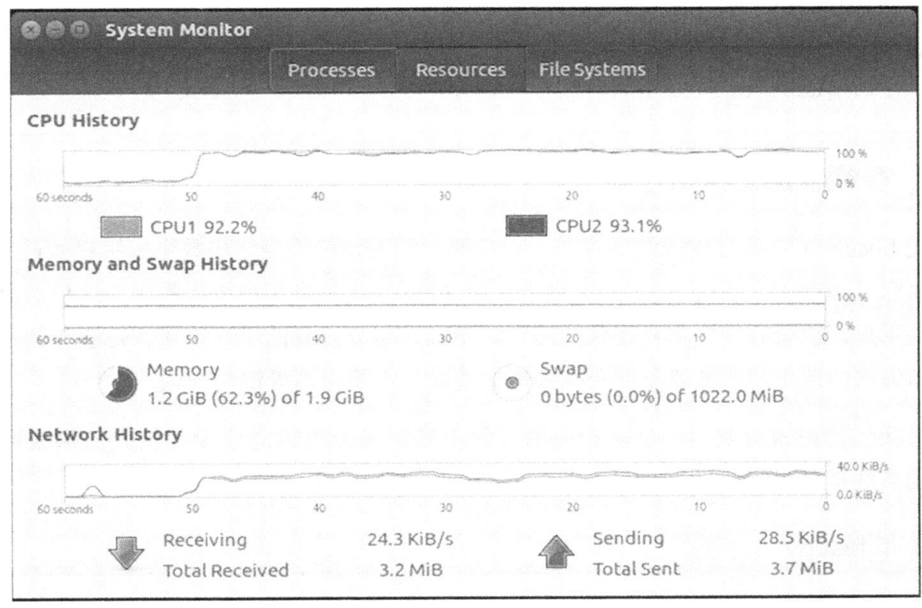

图 15.7　服务器性能

3．监测硬件情况

执行用例前	CPU1：3%　CPU2：8.1% 内存：1G ，共 1.9G
接口测试（10）	CPU1：92.2%　CPU2：93.1% 内存：1.2G，共 1.9G

从执行结果来看，平均响应时间为 151 毫秒，最大响应时间为 487 毫秒，基本在正常可以接受范围之内。平均每秒处理 72.2 个请求，并不算理想。

根据当前系统架构和项目功能推断，在当前硬件不变的情况下（当前 CPU 占用已经接近峰值），想进一步提高接口并发处理能力，程序优化空间不大，系统瓶颈应该在数据库的读写上面，其中最有效果的手段之一是通过 Redis 做缓存处理，减少数据库读写频率。从而也刚好利用上了当前内存使用空闲的特点。

关于 Redis 技术的研究，请参考其他资料。

最后，在执行完接口性能测试之后，不要忘记通过 SQL 语句，将嘉宾的签到状态还原为未签到。

MySQL

```
UPDATE sign_guest SET sign=0;
```

15.3.3 多线程测试接口性能

通过 Locust 工具执行性能测试存在一个问题，因为使用的是随机数生成手机号进行签到，虽然仅执行了 3000 个请求，但它并非完全对应 3000 个未签到用户进行签到，这里面会有未进行签到的用户，也会有许多重复签到的用户，不过，重复签到的用户请求也是服务器正常处理请求；而失败的请求是服务器不能正确处理的请求，不要将两者混为一谈。

如果我们的需求只是对 3000 个嘉宾计算多长时间内可以完成全部签到，那么可以使用 Python 的多线程技术来实现这个需求。

thread_if_test.py

```
import requests
import threading
from time import time

#定义接口基本地址
base_url = "http://192.168.127.134:8089"

# 签到线程
def sign_thread(start_user,end_user):
    for i in range(start_user,end_user):
        phone = 13800110000 + i
        datas = {"eid": 1, "phone":phone}
        r = requests.post(base_url+'/api/user_sign/', data=datas)
        result = r.json()
        try:
            assert result['message'] == "sign success"
        except AssertionError as e:
            print("phone:" + str(phone) + ",user sign fail!")


# 设置用户分组(即 5 个线程)
lists = {1:601, 601:1201, 1201:1801, 1801:2401, 2401:3001}

# 创建线程数组
```

```
threads = []

# 创建线程
for start_user,end_user in lists.items():
    t = threading.Thread(target=sign_thread,args=(start_user,end_user))
    threads.append(t)


if __name__ == '__main__':
    # 开始时间
    start_time = time()

    # 启动线程
    for i in range(len(lists)):
        threads[i].start()
    for i in range(len(lists)):
        threads[i].join()
    # 结束时间
    end_time = time()
    print("start time:"+str(start_time))
    print("end time:"+str(end_time))
    print('run time:'+str(end_time - start_time))
```

将 3000 个数平均分为 5 组，放到字典中，其中每一组数通过线程类 Thread，调用 sign_thread() 函数生成一个线程。所以，是 5 个线程（可以理解为“虚拟用户数”）并发调用接口测试。

start()方法用于启动线程，join()用于守护线程。

执行结果如下。

cmd.exe

```
> python3 thread_if_test.py
start time:1480149948.0455835
end time:1480149978.692233
run time:30.646649599075317
```

计算所有线程的结束时间减去开始时间，从而得到跑完 3000 个嘉宾的签到总耗时为 30.64 秒平均每秒处理 98 个请求。无调用失败的情况，说明接口的调用速度和稳定性没有问题。

当然，相比于专业的性能测试工具，这个测试程序要简陋得多。不过，直接编程的灵活性也是工具所不具备的。

> **小结**：在实际项目中，我们会遇到各种不同的性能需求，根据实际需求来选择使用不同的技术和工具，只要可以达到最终目的即可。本章所介绍的工具和技术并非性能测试工具的主流。但希望通过对本章的学习，可以开阔你对性能测试的理解和认识。